图的 l_1 - 嵌入性理论及其应用

王广富 著

东南大学出版社
SOUTHEAST UNIVERSITY PRESS
·南京·

图书在版编目（CIP）数据

图的 l_1 - 嵌入性理论及其应用 / 王广富著. —南京：
东南大学出版社，2017.12

ISBN 978 - 7 - 5641 - 7571 - 9

Ⅰ．①图… Ⅱ．①王… Ⅲ．①图论—研究
Ⅳ．①O157.5

中国版本图书馆 CIP 数据核字（2017）第 319476 号

图的 l_1 - 嵌入性理论及其应用

出版发行	东南大学出版社	
出 版 人	江建中	
社　　址	南京市四牌楼 2 号（邮编：210096）	
网　　址	http://www.seupress.com	
责任编辑	孙松茜（E-mail：ssq19972002@aliyun.com）	
经　　销	全国各地新华书店	
印　　刷	虎彩印艺股份有限公司	
开　　本	700mm×1000mm　1/16	
印　　张	10.5	
字　　数	212 千字	
版　　次	2017 年 12 月第 1 版	
印　　次	2017 年 12 月第 1 次印刷	
书　　号	ISBN 978 - 7 - 5641 - 7571 - 9	
定　　价	49.80 元	

（本社图书若有印装质量问题，请直接与营销部联系。电话：025 - 83791830）

前　言

现实世界中,许多问题都可以用图来表示.这里的"图"是指由点和线构成的图形.例如,点代表车站,线代表铁路构成的铁路网络图;点代表计算机,线代表连接计算机的网线构成的计算机网络图;点代表电子元件,线代表电子元件之间连接的物理导线构成的电网络图等.事实上,对给定的对象集合,对象间定义一种二元关系,两个对象之间具有此二元关系,则连接一条线,否则不连线.这就构成了一个图.图论正是研究这类图的结构和性质等问题的一门学科.

自 1736 年 Euler 发表第一篇图论论文——《哥尼斯堡的七座桥》开始,特别是 20 世纪 70 年代随着计算机科学的发展,图论发展十分迅速,应用也十分广泛.它在物理学、化学、运筹学、计算机科学、网络理论等方面均有应用.

度量(或距离)空间是泛函分析中最基本的概念,它为统一处理分析学各分支的重要问题提供了一个共同基础.它研究的范围非常广泛,包括了在工程技术、物理学和数学中遇到的许多有用的函数空间.同时,度量(或距离)也是图论、组合优化等离散数学中非常核心的研究对象,比如两点之间的最短路问题、中国邮递员问题、网络最大流等问题.它在其他数学领域及应用中也都出现过,比如距离几何(distance geometry)、组合矩阵论、设计理论、量子力学、统计物理、分析和概率论等.

除了数学理论上的研究,度量还在其他领域有很多应用.在计算机科学中,许多最基本的问题都涉及数据点集以及它们之间的相似性或异样.数据分类、最近邻点搜索、点集直径的计算以及网络搜索等都属于这个范畴.在生物学中,许多计算基因组学的应用需要 DNA 或蛋白质序列的数据库的搜索或聚类.为了解决此类问题,人们通常是利用问题对象所处的空间来获得更好的算法.但遗憾的是,很多有意义的度量空间尚未被深入研究,因而其中很多有用的结构定理尚不为人所知.受此问题的驱动,一个自然的想法是将考虑的问题对象放到一些研究很成熟的基本度量空间中,然后利用基本度量空间的特殊结构性质来获得更有效的算法.例如图的 Wiener 指标,即图中所有点对之间的距离和,直接利用定义公式计算,其复杂度为顶点立方阶的.但若图是 l_1-嵌入的,其计算复杂度则可以降为顶点线性阶的.因此研究图的伴随度量空间能否等距离嵌入到 l_1-空间中,具有重要的意义.

这方面的工作起源于 Cayley 1841 年的一些结果,在 20 世纪二三十年代由 Menger,Schoenberg 等继续研究得到丰富和发展.其中最著名的是 Schoenberg 的结论,距离空间 (X,d) 是等距离 L_2-嵌入的当且仅当到距离 d 的平方 d^2 满足一组线性不等式(称为负型不等式).这些结果后来在 L_p-空间中予以了推广.对于我们尤其重要的是 Bretagnolle,Dacunha Castelle 和 Krivine(1966 年)的结论:(X,d) 是等距离 L_p-嵌入的当且仅当 (X,d) 的每个有限子空间也是等距离 L_p-嵌入的.

我们的目标是研究在巴拿赫(Banach) l_1-空间中的等距离嵌入问题,主要是用组合的方法来研究.现在假设在图 $G=(V,E)$ 的两个顶点 u,v 之间的距离 $d(u,v)$ 定义为连接这两点的一条最短路的长度,则 $(V(G),d)$ 是一个度量空间,称之为图 G 的伴随度量空间.一个图 G 是 l_1-嵌入的,如果它的伴随度量空间可以等距离嵌入到 l_1-空间中.

本书的撰写得到了国家自然科学基金(Nos. 11261019,11361024,11501282)和江西省自然科学基金(No. 20161BAB201030)的支持,同时感谢东南大学出版社的领导和孙松茜编辑的帮助.本书参考了众多的专著和论文,特别是 M. Deza 教授和 M. Laurent 教授合著的《Geometry of Cuts and Metrics》、S. Ovchinnikov 教授编写的《Graphs and Cubes》、W. Imrich 和 S. Klavžar 合著的《Product Graphs:Structure and Recognition》.在写作过程中,兰州大学徐守军教授给予了部分参考资料,南昌大学王凡博士在超立方体图方面给予了很大的支持.此外,王凤灵同志认真仔细地校对了全稿.在此一并表示诚挚的感谢!限于作者水平有限,书中难免有一些缺点和错误,恳请同行专家及读者提出宝贵意见和建议,多多批评指正.

王广富

2017.11.10 于华东交通大学

目　　录

第 1 章　　图的基本概念

1.1　图与子图

定义 1.1　一个图 G 是指由非空集合 V 和边集合 E 构成的有序对 (V, E). 其中 V 中的元素称为顶点, E 中的每个元素是 V 中两个元素的无序对, 称为边. 一般地, 记为图 $G = (V, E)$, 为简单起见, 常用大写英文字母 $G, H, \cdots$. 一个图称为有限的, 如果它的顶点集合是有限的; 否则称为无限图. 当同时考虑多个图时, 比如 $G, H, \cdots$, 为了区分图的顶点集合和边集, 常写作 $V(G), E(G), V(H), E(H), \cdots$.

例 1　设图 $G = (V(G), E(G))$, 其中
$$V(G) = \{u, v, w, x, y, z, s\}$$
$$E(G) = \{uw, vw, wx, wy, yz, ys\}$$

例 2　设图 $H = (V(H), E(H))$, 其中
$$V(H) = \{u, v, w, x, y, z, r, s, t\}$$
$$E(H) = \{uw, vw, ww, wx, wy, wr, wr, zr, rs, rt\}$$

这里构成图的元素称为顶点和边是因为它们都有具体的几何表示: 我们可以在平面或者空间中用一个小圆圈 (或者小黑点) 代表 V 的一个顶点, 两个顶点构成的无序对若在 E 中出现, 则我们把这两个小圆圈 (或者小黑点) 用一条 (不论形状的) 线连接起来. 这就是图 $G = (V, E)$ 的一种画法. 对一个图来说, 它的画法有很多种.

图 1-1 所示分别是例 1 和例 2 的一种画法.

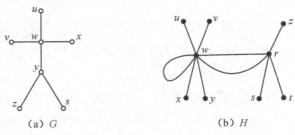

(a) G　　　　　　　　　　　(b) H

图 1-1　例 1 和例 2

1

如果 $e=uv$ 是图 G 的一条边,则:称 e 连接顶点 u 和 v;称边 e 与 u 和 v 相邻接;u 和 v 称为 e 的端点;称 u 和 v 是相邻的.两个相邻的顶点互称为邻点,顶点 v 的所有邻点构成的集合记为 $N_G(v)$(在不引起混淆的情况下,可简记为 $N(v)$).一般地,还常记 $N_G[v]=N_G(v)\bigcup\{v\}$.若一条边的两个端点相同,则称这条边为自环.若两条边有相同的端点,则称它们为重边.若两条边恰有一个公共端点,也称它们是相邻的.不含有自环和重边的图,称为简单图.本书在没有特别说明的情况下,研究的都是简单图.

在图 G 中,顶点 v 的所有邻点的数目称为点 v 在 G 中的度,记为 $d_G(v)$,简记为 $d(v)$.显然,$d_G(v)=|N_G(v)|$.

自然地,我们可得图论第一个定理(也称为握手定理):

定理 1.2 $\sum_{v\in V(G)} d_G(v) = 2|E|$.

图 H 称为图 G 的子图,如果 $V(H)\subseteq V(G)$,且 $E(H)\subseteq E(G)$.G 的生成子图是指满足 $V(H)=V(G)$ 的子图 H.假设 S 是 V 的一个非空子集.以 S 为顶点集,以两端点均在 S 中的边的全体为边集所组成的子图,称为 G 的由 S 导出的子图,记为 $G[S]$.图 G 的一个导出子图唯一地被它的顶点集合所确定.

假设 E' 是 E 的非空子集.以 E' 为边集,以 E' 中边的端点全体为顶点集所组成的子图称为 G 的由 E' 导出的子图,记为 $G[E']$,简称为 G 的边导出子图.

1.2 同构和自同构

对于一个图有很多不同的画法,但是这些画法显然都表示的是同一个图,故它们有相同的结构.为了说明这点,引进下面的定义.

定义 1.3 两个图 G 和 H 是恒等的,记作 $G=H$,如果 $V(G)=V(H)$ 且 $E(G)=E(H)$.

定义 1.4 图 G 和 H 是同构的,记为 $G\cong H$,如果存在从 $V(G)$ 到 $V(H)$ 的双射 φ 保持邻接性,即 $uv\in E(G)$ 当且仅当 $\varphi(u)\varphi(v)\in E(H)$.其中映射 φ 称为 G 和 H 之间的同构(isomorphism).

图的一个自同构是指图到它本身的一个同构.事实上,图 G 的一个自同构是它的顶点集上的一个置换.图 G 的所有自同构构成的集合在置换运算下形成一个群,这个群习惯称为图 G 的自同构群,记作 $\text{Aut}(G)$.

1.3　途径、路和圈

图 G 的从 v_0 到 v_k 的一条途径(或者简记为 $v_0 v_k$ – 途径)是指 G 中一个点边序列:

$$W = v_0 e_1 v_1 e_2 \cdots v_{i-1} e_i v_i \cdots v_{k-1} e_k v_k$$

其中 $v_0, v_1, \cdots, v_k$ 是图 G 的顶点, $e_1, e_2, \cdots, e_k$ 是图 G 的边, 对所有的 $1 \leqslant i \leqslant k$, v_{i-1} 和 v_i 是边 e_i 的两个端点. 称 v_0 是 W 的起点, v_k 是 W 的终点, 它们也称为 W 的端点, 其他点都是 W 的内点. 因为一条边是它的两个端点的无序对, 所以一条途径完全可以由它的顶点序列来确定. 我们常常把 W 写成 $W = v_0 v_1 \cdots v_k$. W 所含的边数即整数 k 称为 W 的长度. 根据长度为奇数或者偶数, 途径分别称为奇途径或者偶途径. 只有一个点的途径为平凡途径, 其长度为 0.

假设 $W = v_0 v_1 \cdots v_{k-1} v_k$ 是图 G 中的一条非平凡途径. 如果 $v_0 = v_k$, 则称 W 为闭途径, 否则, 称为开途径. 如果 W 中的所有顶点两两不同, 则 W 称为图 G 的一条路, 常用符号 P 来表示. 如果一条路 P 的起点和终点分别为 u 和 v, 我们称 P 是一条 uv – 路, 或者 P 连接顶点 u 和 v. 显然, 每条边 $e = uv$ 可以看成是一条 uv – 路或者 vu – 路. 路 P 所含的边的数目称为路 P 的长度. 只有一个顶点的路称为平凡的, 其长度为 0.

一条长度为 $k(\geqslant 3)$ 的闭途径 $C = v_0 v_1 \cdots v_{k-1} v_0$, 如果所有的顶点 $v_0, v_1, \cdots, v_{k-1}$ 都是两两不同的, 则称这样的途径 C 为圈. 根据 k 的奇偶性, 分别称为 C 为奇圈或者偶圈. 易证:

定理 1.5　任何开的 uv – 途径 W 一定包含从 u 到 v 的路.

定理 1.6　每个闭的奇途径 W 含有一个奇圈.

图 $G = (V, E)$ 的两个顶点 u 和 v 称为连通的, 如果在图 G 中存在一条 uv – 途径. 显然, 每一个顶点到它自己是连通的(通过一条平凡的途径). 在集合 V 上, 连通性满足自反性、对称性和传递性, 所以连通性是集合 V 上的一个等价关系, 这个等价关系的等价类称为图 G 的连通分支. 若图 G 恰有一个等价类, 则称图 G 为连通的, 否则称图 G 是不连通的. 由定理 1.5, 如果图 G 的任意两个不同的顶点都可以通过一条路连接起来, 则图 G 是连通的.

图 1-1 中的两个图都是连通的. 作为一个不连通的极端情况, 就是至少有两个顶点的空图, 是指图 $G = (V, E)$ 满足 $|V| > 1$ 且 $E = \varnothing$ (也就是没有边的图). 设

$F \subseteq E$,若 F 中的任意两条边都不相邻,则称 F 为图 G 的一个匹配.一个匹配 F 称为图 G 的完美匹配,如果图 G 的每个顶点都恰好关联 F 中的一条边.

1.4　距离和区间

设图 $G=(V,E)$ 是一个图,u 和 v 是图 G 的两个顶点.定义 u 和 v 之间的距离为图 G 中连接 u 和 v 的一条最短路的长度,记作 $d_G(u,v)$(简记为 $d(u,v)$).若 u 和 v 之间没有最短路,则令 $d_G(u,v)=\infty$.

若图 $G=(V,E)$ 是连通的,则集合 V 加上距离 d_G 就构成了一个度量空间,也就是,任取 V 中的三个顶点 $u,v,w,d:V \times V \rightarrow \mathbf{R}$ 满足下面三个条件:

1. $d(u,v) \geqslant 0$,且 $d(u,v)=0$ 当且仅当 $u=v$;

2. $d(u,v)=d(v,u)$;

3. $d(u,w)+d(w,v) \geqslant d(u,v)$(三角形不等式).

习惯上称此度量空间为伴随 G 的图度量空间.

下面介绍关于图的距离中常用的概念——离心率(eccentricity).设 $v \in V(G)$,则顶点 v 的离心率($e(v)$)定义为 $e(v)=\max\limits_{u \in V(G)} d(u,v)$.图 G 中所有顶点的离心率的最大值称为图 G 的直径,记为 $D(G)$;所有顶点的离心率的最小值称为图 G 的半径,记为 $R(G)$,即

$$D(G)=\max_{v \in V(G)} e(v)=\max_{v \in V(G)} \max_{u \in V(G)} d(u,v)$$

$$R(G)=\min_{v \in V(G)} e(v)=\min_{v \in V(G)} \max_{u \in V(G)} d(u,v)$$

直径也可以看作是图 G 中任意两点间距离的最大值.如果图 G 的两个顶点 u,v 之间的距离恰好等于直径,即 $d(u,v)=D(G)$,则称它们是对径的(diametrical),顶点 v 称为中心的(central).如果 $e(v)=R(G)$,则

命题 1.7　对任意连通图 G,都有 $R(G) \leqslant D(G) \leqslant 2R(G)$.

证明:第一个不等式根据定义显然成立.选择图 G 的两个对径点 u,v,则 $d(u,v)=D(G)$.假设 w 是 G 的中心点,则

$$D(G) \leqslant d(u,w)+d(w,v) \leqslant 2R(G)$$

如果 $V(H) \subseteq V(G)$ 且 $E(H) \subseteq E(G)$,则图 H 为图 G 的子图,称 H 包含在 G 中或者 G 包含 H,分别记作 $H \subseteq G$ 或者 $G \supseteq H$.如果 $H \neq G$,则称 H 是 G 的真子图,记作 $H \subset G$.

设 $H \subseteq G$,因为子图 H 的一条路也是图 G 中的一条路,因此对任意的 $u,v \in$

$V(H)$，$d_H(u,v) \geqslant d_G(u,v)$. 若对 $V(H)$ 中任意两点 u,v，都有 $d_H(u,v) = d_G(u,v)$，则称 H 为 G 的等距离子图.

一般地，对任意两个图 G 和 H，映射 $\varphi: V(H) \rightarrow V(G)$ 是一个等距离映射，如果任意的 $u,v \in V(H)$，都有

$$d_H(u,v) = d_G(u,v)$$

显然，H 在等距离映射下的像是图 G 的等距离子图.

定义 1.8 设 G 是一个图，区间 $I_G(u,v)$ 定义为

$$I_G(u,v) := \{w \in V \mid d(u,v) = d(u,w) + d(w,v)\}$$

有时由 $I_G(u,v)$ 导出的 G 的子图也用 $I_G(u,v)$ 表示. 在不引起混淆的情况下，用 $I(u,v)$ 替代 $I_G(u,v)$.

注：图 G 是连通的当且仅当在图 G 中没有区间是空集.

命题 1.9 设 $G = (V,E)$ 是一个连通图，则对任意的 $u,v \in V$，有：

1. $u,v \in I(u,v)$；

2. $I(u,v) = I(v,u)$；

3. 若 $x \in I(u,v)$，则 $I(u,x) \subseteq I(u,v)$；

4. 若 $x \in I(u,v)$，则 $I(u,x) \cap I(x,v) = x$；

5. 若 $x \in I(u,v)$，$y \in I(u,x)$，则 $x \in I(y,v)$.

引理 1.10 设 C 是图 G 中最短的圈或最短的奇圈，则 C 在图 G 中是等距离的.

证明：设 C_{2k+1} 是图 G 的一个最短的奇圈 $v_1 v_2 \cdots v_{2k+1}$. 换句话说，我们假设图 G 中没有比 C 更短的奇圈，但是可能有比 C 更短的偶圈. 如果 C_{2k+1} 不是等距离的，则一定存在两个顶点 v_1 和 v_r，满足 $d_G(v_1,v_r) < d_{C_{2k+1}}(v_1,v_r) = r-1$. 我们不妨设取得的 C 使得 r 尽可能小且不超过 k，那么一定存在一条等距离路 $P = v_1 w_2 \cdots w_r v_r$，其长度小于 $r-1$，而且与 C 仅在 v_1 和 v_r 相交（否则，存在 P 与 C 的另一个公共顶点 w）. 如果 $d_G(v_1,w) \geqslant d_C(v_1,w)$ 和 $d_G(w,v_r) \geqslant d_C(w,v_r)$ 都成立，则

$$d_G(v_1,v_r) = d_G(v_1,w) + d_G(w,v_r) \geqslant d_C(v_1,w) + d_C(w,v_r) \geqslant d_C(v_1,v_r)$$

与 $d_G(v_1,v_r) < d_C(v_1,v_r)$ 矛盾. 因此，$d_G(v_1,w) < d_C(v_1,w)$ 或者 $d_G(w,v_r) < d_C(w,v_r)$ 成立，这与 r 的选择矛盾. 但是圈 $v_1 v_2 \cdots v_r w_s w_{s+1} \cdots w_2$ 和圈 $v_1 w_2 \cdots w_s v_r v_{r+1} \cdots v_{2k} v_{2k+1}$ 都比 C 要短，因为它们的和 $2s + (2k+1)$ 是奇数，所以至少有一个一定是奇数，这与 C_{2k+1} 的选择相矛盾.

现在，设 C 是图 G 中的一个最短圈. 如果它是奇圈，由上可得. 如果它是一个

偶圈, $C = v_1 v_2 \cdots v_{2k}$ 并且不是等距离的, 与上面类似可以证明, 有两个圈 $v_1 v_2 \cdots$ $v_r w_s w_{s-1} \cdots w_2$ 和 $v_1 w_2 \cdots w_s v_r v_{r+1} \cdots v_{2k-1} v_{2k}$ 都比 C 要短, 这与 C 的最小性相矛盾. ∎

引理 1.11 图 G 是二部图当且仅当它不含奇圈.

证明: 必要性: 设 G 是具有二部划分 X 和 Y 的图, 并且 $C = v_0 v_1 \cdots v_k v_0$ 是 G 的一个圈. 不妨设 $v_0 \in X$. 则根据二部图的定义, $v_{2i} \in X$, 且 $v_{2i+1} \in Y$. 又因为 $v_0 \in X$, 所以 $v_k \in Y$. 因此, C 是一个偶圈.

充分性: 显然, 只要对连通图证明结论是成立的就够了. 设 G 是不包含奇圈的连通图. 任选一个顶点 u 且定义两个集合如下:

$$X = \{x \mid d(u,x) \text{ 是偶数}, x \in V(G)\}$$
$$Y = \{x \mid d(u,x) \text{ 是奇数}, x \in V(G)\}$$

则 (X,Y) 是 $V(G)$ 的一个划分. 下面证明这是 G 的一个二部划分. 假设 v 和 w 是 X 的两顶点, P 是一条最短的 u, v - 路, Q 是一条最短的 u, w - 路. 以 z 记 P 和 Q 的最后一个公共顶点. 因为 P 和 Q 都是最短路, P 和 Q 的长都是偶数, 所以 P 的从 z 到 v 的一段 P_1 和 Q 的从 z 到 w 的一段 Q_1 必有相同的奇偶性. 由此推出 v, w - 路 $P_1^{-1} Q_1$ 的长度为偶数. 若 v 和 w 相连, 则 $P_1^{-1} Q_1 wv$ 就是一个奇圈, 与假设矛盾, 故 X 中任意两个顶点不相邻. 类似地可以证明 Y 中任意两个顶点也不相邻. ∎

1.5 图的运算

设 $F \subset E$, 则图 $G \backslash F := (V, E \backslash F)$ 称为从图 G 删除 F 得到的. 当 $F = \{e\}$ 时, 我们简记 $G \backslash \{e\}$ 为 $G \backslash e$. 在图 G 中, 收缩边 $e := uv$ 就是把 u 和 v 等同为一个顶点, 然后删除边 e 以及等同 u 和 v 后出现的重边. 用 G/e 表示图 G 收缩 e 后所得的图. 若 $F \subset E$, 则 G/F 表示图 G 通过收缩 F 中的所有边 (以任意顺序) 后得到的图.

简单图 $G = (V, E)$ 的补图 $\bar{G} = (V(\bar{G}), E(\bar{G}))$ 定义为如图 1 - 2 所示的简单图, $V(\bar{G}) = V(G)$, 且 $xy \in E(\bar{G})$ 当且仅当 $xy \notin E(G)$.

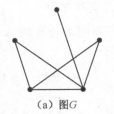
（a）图 G

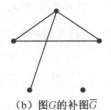
（b）图 G 的补图 $\overline{G}$

图 1-2　图 G 和它的补图

1.5.1　图的卡式积

图 G 和 H 的卡式积（Cartesian product）是指图 $G\square H$，其顶点集是卡式积 $V(G)\times V(H)$，两个顶点 (u,v) 和 (x,y) 相邻当且仅当 $u=x$ 且 $vy\in E(H)$ 或者 $ux\in E(G)$ 且 $v=y$. 例如图 1-3 表示的是 $K_2\square C_5$ 和 $P_3\square P_5$. 这里 K_2 指两个顶点的完全图，P_2 和 P_3 分别表示两个顶点和三个顶点的路.

（a）$K_2\square G_5$

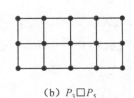
（b）$P_3\square P_5$

图 1-3　卡式积

注意，K_1 是卡式积的单位元，即 $K_1\square G=G,G\square K_1=G$. 进一步，定义从 $V(G\square H)$ 到 $V(H\square G)$ 的映射 φ 为 $\varphi(u,v)=(v,u)$，此映射为 $G\square H$ 到 $H\square G$ 的同构映射. 在此意义下，卡式积是可交换的. 结合律则需要一点点讨论.

命题 1.12　卡式积满足结合律.

证明：我们证明映射

$$\psi:V((G_1\square G_2)\square G_3)\to V(G_1\square(G_2\square G_3))$$
$$\psi:((u_1,u_2),u_3)\mapsto(u_1,(u_2,u_3))$$

是 $(G_1\square G_2)\square G_3$ 到 $G_1\square(G_2,G_3))$ 的同构. 显然，ψ 是一个双射. 这样我们只需证明两个顶点 u,v 在 $(G_1\square G_2)\square G_3$ 中相邻当且仅当 $\psi(u),\psi(v)$ 在 $G_1\square(G_2\square G_3)$ 中相邻.

如果 u 和 v 是相邻的，则它们一定是不同的，且至少有一对 $u_i,v_i(i\in n\{1,2,3\})$ 一定包含两个不同的元素. 若恰好有一对 u_k,v_k，则 $[u,v]$ 是一条边当且仅当

7

$[u_k,v_k]\in E(G_k)$. 这个条件也能确定 $\psi(u),\psi(v)$ 是相邻的.

若 $u_i,v_i(i=1,2,3)$ 有两对或三对包含两个不同的元素,则 u,v 和 $\psi(u),\psi(v)$ 都不相邻. ■

由此同构的意义下,图的卡式积满足交换律、结合律.因此,我们把 $n(\geqslant 2)$ 个图 $G_1,G_2,\cdots,G_n$ 的卡式积 $G_1\Box G_2\Box\cdots\Box G_n$ 可以写成 $\prod_{k=1}^{n}G_k$.

假设 $G\Box H$ 是图 G 和 H 的卡式积.映射

$$p_1:(u,v)\rightarrow u \qquad \text{和} \qquad p_2:(u,v)\rightarrow v$$

是分别称为从 $V(G\Box H)$ 到 $V(G)$ 和 $V(H)$ 的投影.由卡式积定义,易得 $G\Box H$ 的每条边在其中一个投影下的像是一个顶点,而在另一个投影下的像则是一条边.

引理 1.13 设 P 是 $G\Box H$ 中的一条路,则 P 在 p_1 投影下的像 $p_1(P)$ 是在 G 中的一条路.同样地,$p_2(P)$ 是 H 中的一条路.

定理 1.14 设 G 和 H 是两个连通图,那么

(1) 图 $G\Box H$ 也是连通的;

(2) $d_{G\Box H}((u,v),(x,y))=d_G(u,x)+d_H(v,y)$.

证明:(1) 假设 (u,v) 和 (x,y) 是图 $G\Box H$ 中的任意两个顶点.因为 G 和 H 都是连通图,则在 G 中存在一条路 $u=u_1,\cdots,u_k=x$,在 H 中存在一条路 $v=v_1,\cdots,v_m=y$.这样,$(u,v),(u_2,v),\cdots,(x,v),(x,v_2),\cdots,(x,y)$ 是图 $G\Box H$ 中连接 (u,v) 和 (x,y) 的一条路.

(2) 我们可以假设(1)两条路分别是 G 和 H 中的最短路,那么在(1)中构造的图 $G\Box H$ 中的路的长度是 $d_G(u,x)+d_H(v,y)$.因此

$$d_{G\Box H}((u,v),(x,y))\leqslant d_G(u,x)+d_H(v,y) \tag{1.1}$$

假设 P 是图 $G\Box H$ 中连接顶点 (u,x) 和 (v,y) 的两条路.利用引理 10.7,$P_1=p_1(P)$ 和 $P_2=p_2(P)$ 分别是 G 和 H 中的两条路,有

$$d_G(u,x)+d_H(v,y)\leqslant |E(P_1)|+|E(P_2)|\leqslant |E(P)|$$

最后一个不等号成立的原因是 P 的每条边要么被投影成 P_1 的边,要么被投影成 P_2 的边.假设 P 是图 $G\Box H$ 中的一条最短路,则

$$|E(P)|=d_{G\Box H}((u,v),(x,y))$$

因此,

$$d_G(u,x)+d_H(v,y)\leqslant d_{G\Box H}((u,v),(x,y))$$

结合不等式(1.1),结论成立. ■

1.5.2 图的团和

假设 $G=(V,E)$ 是一个图,V_1,V_2 是 V 的两个子集,满足 $V=V_1\bigcup V_2$,$W:=V_1\bigcap V_2$ 导出图 G 的一个团.假设 $V_1\backslash W$ 中的顶点与 $V_2\backslash W$ 中的顶点都不相邻,那么我们称图 G 是图 $G_1:=G[V_1]$ 与图 $G_2:=G[V_2]$ 的 k 团和,其中 $k=|W|$.如果不关心中间公共团的大小的话,也可以直接称 G 是 G_1 和 G_2 的团和.

给定图 G,在 G 外添加一个新点,然后将 G 的所有顶点与这个新点相连,所得的图称为图 G 的悬挂图,记为 $\bigtriangledown(G)$.

将图 G 的所有边看成顶点,两个顶点相邻当且仅当它们对应的边在 G 中相邻,这样产生的图称为图 G 的线图,记为 $L(G)$.

1.6 常见图类

在图论中有非常重要的图类,下面给出一些我们将要用到的.

1. 完全图:图 G 中的任意两个顶点都是相邻的,如图 $1-4$ 所示.n 个顶点的完全图习惯用 K_n 来表示.

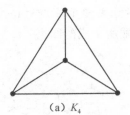 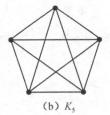

(a) K_4 (b) K_5

图 1 - 4 完全图

2. 二部图:图 $G=(V,E)$ 称为二部图.如果 V 能分成两部分 V_1 和 V_2 使得每条边的一个端点在 V_1 中,而另一个端点在 V_2 中,此时 V_1 和 V_2 形成 V 的一个二部划分.如果图 G 是二部图,其二部划分为 V_1 和 V_2,且 V_1 中的每个顶点和 V_2 中的每个顶点都相邻,则称这样的图 G 为完全二部图.当 $|V_1|=n_1$,$|V_2|=n_2$ 时,我们习惯记它为 K_{n_1,n_2}.完全二部图 $K_{1,n}(n\geqslant 1)$ 通常也称为星图.

3. 路 P_n:顶点集合为 $V=\{v_1,v_2,\cdots,v_n\}$,边集为 $E=\{v_iv_{i+1}|i=1,2,\cdots,n-1\}$.

4. 圈 C_n:顶点集合为 $V=\{v_1,v_2,\cdots,v_n\}$,边集为 $E=\{v_iv_{i+1}|i=1,2,\cdots,n-1\}$ $\bigcup\{v_1v_n\}$.

5. 树:连通的无圈图称之为树.

6. n 维超立方图 Q_n:考虑集合 $\Omega=\{1,2,\cdots,n\}$.Q_n 构造如下:把 Ω 的所有的子集(2^n 个)当作顶点,两个顶点 A 和 B 相邻当且仅当 $|A\triangle B|=1$,其中 $\triangle$ 表示两个集

合 A 和 B 的对称差,也就是由属于 A 或 B 但不同时属于两者的元素构成的集合.

Q_n 的另一种定义为:顶点集 $V(Q_n) = \{b_1 b_2 \cdots b_n \mid b_i \in \{0,1\}\}$,其中的两个顶点相邻当且仅当这两个 n - 元数组恰有一个位置的元素不同(图 1 - 5).

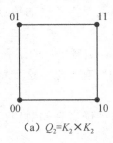 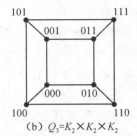

(a) $Q_2 = K_2 \times K_2$ (b) $Q_3 = K_2 \times K_2 \times K_2$

图 1 - 5　超立方图

7. 半立方图:仅考虑 Ω 的偶子集作为顶点. 如果两个顶点 A 和 B 的对称差含有两个元素,则它们连一条边,这样得到的图称为半立方图(half-cube),用 $\frac{1}{2} Q_n$ 来表示.

8. 海明图(Hamming graph):一些完全图的卡氏积.

9. 鸡尾酒会图(cocktail party graph)$K_{n \times 2}$(图 1 - 6):顶点集合 $V = \{v_1, v_2, \cdots, v_n, v_{n+1}, \cdots, v_{2n}\}$,边集是 V 中的所有顶点对除去 n 个顶点对 $\{v_1 v_{n+1}, \cdots, v_n v_{2n}\}$;换句话说,$K_{n \times 2}$ 完全图 K_{2n} 删掉一个完美匹配所生成的图.

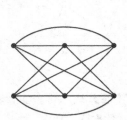 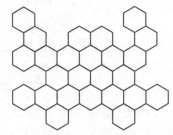

图 1 - 6　鸡尾酒会图 $K_{3 \times 2}$ 图 1 - 7　苯图

10. 约翰逊图(Johnson graph)$J(n,k)$:设 n, k 是固定的正整数且满足 $n \geq k$,Ω 是大小为 n 的固定的集合,那么 $J(n,k)$ 的顶点集由 Ω 的所有 k 元子集组成,两个顶点相邻当且仅当这两个顶点对应的 k 元子集的交的大小为 $k-1$.

11. 苯图(或苯系统):平面上无限六角形格子图或者其上一个不自交的圈及其内部的顶点和边导出的有限图. 见图 1 - 7.

显然,在上面的图类之中有如下的同构关系:$K_{2,2} = C_4 = Q_2 = K_{2 \times 2}$,$K_2 = P_2 = \frac{1}{2} Q_2$,$\frac{1}{2} Q_3 = K_4$,$K_{4 \times 2} \cong \frac{1}{2} H_4$.

第 2 章 l_1 - 空间

图的距离是图论中非常重要的概念,在化学、物理、通信网络以及计算机信息科学等领域中均有广泛的应用. 比如考虑化学分子中原子之间的距离、交通网络中城市之间的距离、计算机网络中节点之间的距离时,只需要将这些实际网络抽象成图,然后考虑图中的顶点之间的距离即可. 超立方图是对称性非常好的一类图,且其上任意两点的距离为 Hamming 距离. 为使所考虑的图中的距离的计算能简单些,人们试着把所考虑的图成比例地嵌入到超立方图中.

在过去的几十年里,人们对图的 l_1 - 嵌入性进行了深入的研究. 本书沿着这个研究方向对几类特殊的曲面上的多边形图的 l_1 - 嵌入性进行讨论. 本章我们首先介绍 l_1 - 空间的基本概念和 l_1 - 图的基本理论,然后介绍 l_1 - 图的边的标号和图的等距离嵌入,最后列出所得到的主要结论.

2.1 l_1 - 空间

设 X 是个集合,$\mathbb{R}^+$ 为非负实数集,函数 $d:X \times X \rightarrow \mathbb{R}^+$ 称为 X 上的距离(distance),如果 d 是对称的,即对所有的 $i,j \in X, d(i,j)=d(j,i)$,且对所有的 $i \in X, d(i,i)=0$ 成立. (X,d) 称为一个距离空间(distance space),如果 d 还满足三角不等式,即对任意的点 $x,y,z \in X$,有

$$d(x,z) \leqslant d(x,y)+d(y,z) \tag{2.1}$$

则称 d 为 X 上的半度量(semimetric). 进一步,若 $d(i,j)=0$ 当且仅当 $i=j$,则称 d 为 X 上的度量(metric).

设 $V_n:=\{1,2,\cdots,n\}, E_n:=\{ij \mid i,j \in V_n, i \neq j\}$,其中 ij 表示整数 i 与 j 的无序对,即 ij 与 ji 认为是相同的对. 设 d 为集合 V_n 上的距离,由对称性和 $d(i,i)=0$,我们可以把距离 d 视为 $\mathbb{R}^{E_n}$ 上的一个向量 $(d_{ij})_{1 \leqslant i < j \leqslant n}$. 反之,利用对称性和 $d(i,i)=0$,$\mathbb{R}^{E_n}$ 中的每个向量 d 诱导产生 V_n 上的一个距离. 因此 V_n 上的一个距离 d 可以选择性地看作是 $V_n \times V_n$ 上的一个矩阵(对称的且主对角元为 0)或者

$\mathbb{R}^{E_n}$ 上的一个向量. 这两种表示我们都会使用. 为简单计, 有时候我们将 $d(i,j)$ 记为 d_{ij}.

三角不等式(2.1)(对 $i,j,k \in V_n$)定义了空间 $\mathbb{R}^{E_n}$ 上的一个圆锥(cone), 称为半度量圆锥(semimetric cone), 记为 MET_n; 它的元素恰好就是 V_n 上的半度量.

给定 $S \subset V_n$, 令 $\delta(S)$ 为 V_n 上定义的距离如下:

$$\delta(S)_{ij} = \begin{cases} 1, & 若 \{i,j\} \subseteq S, 或 \{i,j\} \subseteq V_n \backslash S \\ 0, & 其他 \end{cases}$$

显然, $\delta(S)$ 是一个半度量(当 $n \geqslant 3$ 时, 不是度量), 习惯于称为割的半度量(cut semimetric).

在 $\mathbb{R}^{E_n}$ 中由割的半度量 $\delta(S)$ 生成的圆锥称为割锥(cut cone), 记为 CUT_n, 其中 $S \subset V_n$. 在 $\mathbb{R}^{E_n}$ 中由割的半度量的凸包形成的多面体称为割多面体(cut polytope), 记为 $\mathrm{CUT}_n^{\square}$.

因此

$$\mathrm{CUT}_n = \Big\{ \sum_{S \subset V_n} \lambda_S \delta(S) \, \Big| \, \lambda_S \geqslant 0, 对所有的 S \subseteq V_n \Big\} \tag{2.2}$$

$$\mathrm{CUT}_n^{\square} = \Big\{ \sum_{S \subseteq V_n} \lambda_S \delta(S) \, \Big| \, \sum_{S \subseteq V_n} \lambda_S = 1, 且 \lambda_S \geqslant 0, 对所有的 S \subseteq V_n \Big\} \tag{2.3}$$

对任意 $p \geqslant 1$, 在向量空间 $\mathbb{R}^m$ 中定义 l_p - 范数 $\| \cdot \|_p$ 如下: 对所有的 $x \in \mathbb{R}^m$, 有:

$$\| x \|_p = \Big(\sum_{k=1}^m | x_k |^p \Big)^{\frac{1}{p}}$$

由此范数导出的度量记为 d_{l_p}, 称为 l_p - 度量. 这样, 对任意的 $x,y \in \mathbb{R}^m$, $d_{l_p}(x,y) = \| x - y \|_p = \Big(\sum_{i=1}^m | x_i - y_i |^p \Big)^{\frac{1}{p}}$. 度量空间 $(\mathbb{R}^m, d_{l_p})$ 称为 l_p - 空间, 简记为 l_p^m.

在本书中, 我们主要考虑 $p = 1$ 时的 l_1 - 空间 $(\mathbb{R}^m, d_{l_1})$, 其中 l_1 - 度量为 $d_{l_1}(x,y) = \sum_{i=1}^m | x_i - y_i |$. 当 $p = 2$ 时, $(\mathbb{R}^m, d_{l_2})$ 是通常的欧氏空间. 当 $p = \infty$ 时, 距离函数定义为 $d_{l_\infty}(x,y) = \max\{ | x_i - y_i |, 1 \leqslant i \leqslant m \}$.

在集合 $\mathbb{R}^m$ 上的另一个经典距离就是海明距离(Hamming distance) d_H, 定义如下:

$$d_H(x,y) := |\{i \in [1,m] : x_i \neq y_i\}|, 对任意的 x,y \in \mathbb{R}^m$$

当对二元向量 $x,y \in \{0,1\}^m$ 计算时, 其中的海明距离 $d_H(x,y)$ 和其中的

l_1 - 距离 $d_{l_1}(x, y)$ 是一致的.

另一个度量空间的例子是图度量空间. 设 $G = (V, E)$ 是个连通图, 对 G 的任意两个顶点 u 和 v, $d_G(u, v)$ 表示在图 G 中 u 和 v 之间的距离, 也就是连接 u 和 v 一条最短路的长度. 显然 d_G 是 $V(G)$ 上的一个度量, (V, d_G) 是一个度量空间, 称之为伴随 G 的图度量空间.

伴随超立方图 $H(m, 2)$ 的图度量空间称为超立方度量空间. 注意到 $H(m, 2)$ 的图度量空间与距离空间 $(\{0, 1\}^m, d_{l_1})$ 是相同的.

设 (X, d) 和 (X', d') 是两个距离空间. 如果存在从 X 到 X' 的一个映射 ϕ, 使得对于所有的 $x, y \in X$, 有

$$d(x, y) = d'(\phi(x), \phi(y))$$

则称 (X, d) 可以等距离地嵌入到 (X', d') 中, 映射 ϕ 称为从 X 到 X' 的等距离嵌入. 也称 (X, d) 是 (X', d') 的一个等距离子空间.

对两个图 G 和 H, 若 $(V(G), d_G)$ 是 $(V(H), d_H)$ 的等距离子空间, 则称 G 是 H 的等距离子图 (isometric subgraph).

如果存在整数 $m \geqslant 1$, (X, d) 可以等距离地嵌入到空间 l_p^m 中, 则一个距离空间 (X, d) 称为 l_p - 嵌入的. 这样的最小的整数 m 称为 (X, d) 的 l_p - 维数, 记为 $m_{l_p}(X, d)$.

定义最小的 l_p - 维数 $m_{l_p}(n)$ 如下:

$$m_{l_p}(n) := \max\{m_{l_p}(X, d) : |X| = n, \text{且} (X, d) \text{是} l_p \text{-嵌入的}\} \qquad (2.4)$$

也就是说, $m_{l_p}(n)$ 是最小的整数 m 使得 n 个点的 l_p - 嵌入的距离空间可以嵌入到 l_p^m 中.

$m_{l_p}(n)$ 是有限的, 事实上, 对所有的 n 和 p, $m_{l_p}(n) \leqslant \binom{n}{2}$.

如果存在整数 $m \geqslant 1$, 它可以等距离嵌入到某超立方度量空间 $(\{0, 1\}^m, d_{l_1})$ 中, 则一个距离空间 (X, d) 称为超立方嵌入的. 因为超立方度量空间 $(\{0, 1\}^m, d_{l_1})$ 是 l_1^m 的等距离子空间, 所以每个超立方嵌入的距离空间都是 l_1 - 嵌入的. (事实上, 如果 d 是实数, 那么空间 (X, d) 是 l_1 - 嵌入的, 当且仅当存在某整数 λ, 使得 $(X, \lambda d)$ 是超立方嵌入的, 见引理 2.6)

下面的结果是从逻辑的紧致定理得来的.

定理 2.1　设 p 和 m 为大于等于 1 的整数, (X, d) 是一个距离空间, 则 (X, d) 是 l_p^m - 嵌入的, 当且仅当 (X, d) 的每个有限子空间都是 l_p^m - 嵌入的.

证明:必要性是显然的.反之,假设(S,d)的每个子空间都是l_p^m - 嵌入的.固定$x_0\in X$,限制我们自己寻找一个(X,d)的嵌入,把x_0映射到零向量.寻找集合$K:=\sum\limits_{x\in X}\left[-d(x_0,x),d(x_0,x)\right]^m$中的元素$(u_x)_{x\in X}$使得$\|u_x-u_y\|_p=d(x,y)$,对所有的$x,y\in X$.若$x,y\in X$,令$K_{x,y}$记作$K$的一个子集,其中元素满足条件$\|u_x-u_y\|_p=d(x,y)$.由假设,有限个$K_{x,y}$的任何交集是非空的.又因为$K$是紧的(利用 Tychonoff's 定理,因为它是紧集的卡式积)且所有的$K_{x,y}$都是闭集,因此,交集$\bigcap\limits_{x,y\in X}K_{x,y}$是非空的,这就说明$(X,d)$是$l_p^m$ - 嵌入的. ∎

定理 2.2 设$d\in\mathbb{R}^m$,(V_n,d)为距离空间,则$d\in\mathrm{CUT}_n$当且仅当(V_n,d)是l_1 - 嵌入的,也就是说,存在某整数m,有$\mathbb{R}^m$中的n个向量$\boldsymbol{u}_1,\boldsymbol{u}_2,\cdots,\boldsymbol{u}_n$满足$d_{ij}=\|u_i-u_j\|_1,1\leqslant i<j\leqslant n$.

证明:充分性.假设$d\in\mathrm{CUT}_n$,则

$$d=\sum_{1\leqslant k\leqslant m}\lambda_k\delta(S_k)$$

其中$\lambda_1,\cdots,\lambda_m\geqslant 0$,$S_1,\cdots,S_m\subseteq V_n$.如果$i\in S_k$,对$1\leqslant i\leqslant n$,定义向量$u_i\in\mathbb{R}^m$,当$1\leqslant k\leqslant m$,分量$(u_i)_k=\lambda_k$;否则$(u_i)_k=0$.

那么对$1\leqslant i<j\leqslant n$,有$d_{ij}=\|u_i-u_j\|_1$.这就说明$(V_n,d)$是$l_1$ - 嵌入的.

必要性.假设(V_n,d)是l_1 - 嵌入的,即存在n个向量$\boldsymbol{u}_1,\cdots,\boldsymbol{u}_n\in\mathbb{R}^m$(对某个$m\geqslant 1$)使得$d_{ij}=\|u_i-u_j\|_1(1\leqslant i<j\leqslant n)$.下面证$d\in\mathrm{CUT}_n$.利用$l_1$ - 范数的加法,只需证明$m=1$的情况.因此,我们可以假设$d_{ij}=|u_i-u_j|$,其中$u_1,\cdots,u_n\in\mathbb{R}$.不妨设$u_1\leqslant u_2\leqslant\cdots\leqslant u_n$.那么,易得

$$d=\sum_{1\leqslant k\leqslant n-1}(u_{k+1}-u_k)\delta(\{1,2,\cdots,k-1,k\})$$

这说明$d\in\mathrm{CUT}_n$. ∎

注 2.3 上述定理的证明说明了下面的结果:如果V_n上的距离d可以表示成m个割的半度量的非负线性组合,即$d=\sum\limits_{k=1}^m\lambda_k\delta(S_k)$,其中对所有的$k,\lambda_k\geqslant 0$,那么$d$是$l_1^m$ - 嵌入的.

定理 2.4 设$d\in\mathbb{R}^{E_n}$,(V_n,d)为距离空间,则以下几条是等价的:

(1) 对某些非负整数λ_S,$d=\sum\limits_{S\subseteq V_n}\lambda_S\delta(S)$.

(2) (V_n,d)是超立方嵌入的,即对某整数m,存在$\{0,1\}^m$中的n个向量$\boldsymbol{u}_1,\boldsymbol{u}_2,\cdots,\boldsymbol{u}_n$满足$d_{ij}=\|u_i-u_j\|_1,1\leqslant i\leqslant j\leqslant n$.

(3) 存在一个有限集合Ω和Ω的n个子集$A_1,A_2,\cdots,A_n$,使得$d_{ij}=|A_i\triangle A_j|$,

$1 \leqslant i < j \leqslant n$.

(4) (V_n, d) 是 $(\mathbb{Z}^m, d_{l_1})$ 的等距离子空间, $m \geqslant 1$.

证明：(1)$\Leftrightarrow$(2) 的证明与定理 2.2 类似. 也就是说, (1)$\Rightarrow$(2), 假设 $d = \sum_{k=1}^{m} \delta(S_k)$ (允许出现重复). 考虑二元 $n \times n$ 矩阵 $\boldsymbol{M}$, 其中的列就是集合 $S_1, \cdots, S_m$ 的关联向量. 如果记 $\boldsymbol{M}$ 的行为 $u_1, \cdots, u_n$, 则 $d_{ij} = \| u_i - u_j \|_1$. 这就是 (V_n, d) 在 n 维超立方图中的一个嵌入. 反之, 对(2)$\Rightarrow$(1), 考虑矩阵 $\boldsymbol{M}$, 其行为 n 个给定的向量 $\boldsymbol{u}_1, \cdots, \boldsymbol{u}_n$. 假设 $S_1, \cdots, S_m$ 是集合 $\{1, \cdots, n\}$ 的子集, 它们的关联向量就是 $\boldsymbol{M}$ 的列. 则 $d = \sum_{k=1}^{m} \delta(S_k)$ 成立, 这正是给出的 d 的一个分解, 作为一个割的半度量的非负整数组合.

(3)其实是(2)的一种说法, 而(3)显然可以推出(4)成立. (4)$\Rightarrow$(1)可以从定理 2.2 中的证明(2)$\Rightarrow$(1)中得到. ∎

从定理 2.2 和定理 2.4 容易得到：

命题 2.5 设 (V_n, d) 是距离空间, 其中 d 是有理数, 那么 (V_n, d) 是 l_1 - 嵌入的当且仅当对某个数量 η, $(V_n, \eta d)$ 是超立方嵌入的.

设 d 是 V_n 上的距离, d 是 l_1 - 嵌入的且 d 取实数值, 使得 $(V_n, \eta d)$ 是超立方嵌入的, 每个整数 η 称为 (V_n, d) 的尺度(scale). 我们称 d 是尺度为 η 的超立方嵌入, 这样的最小的整数 η 称为 (V_n, d) 的最小尺度, 记为 $\eta(d)$.

引理 2.6 对 V_n 中每个 l_1 - 嵌入的整数值距离 d, 总存在一个整数 α, 使得 αd 是超立方嵌入的.

证明：设 X 是 V_n 中线性无关的割的半度量的集合, $\boldsymbol{M}_X$ 为用 X 中的元素作为列构成的矩阵, α_X 为 $\boldsymbol{M}_X$ 的 $X \times X$ 的非奇异子矩阵的行列式的最小绝对值. 则我们定义 α 为整数 α_X (因为 X 是线性无关的割的半度量的任意集合) 的最小公倍数. 整数 α 满足引理 2.6. 事实上, 设 d 是 V_n 行的一个整数值距离且是 l_1 - 嵌入的. 由卡拉西奥多里定理(Carathéodory theorem)[①], d 可以分解为 $d = \sum_{\delta(S) \in S} \lambda_S \delta(S)$, 其中 X 是线性无关的割的半度量的集合, 对所有的 $S, \lambda_S > 0$. 假

---

① (卡拉西奥多里定理)假设 X 是 $\mathbb{R}^n$ 的非空子集.

(a) 对任意 $\operatorname{cone}(X)$ 中的任意元素 x, x 可以表示为向量 $\boldsymbol{x}_1, \cdots, \boldsymbol{x}_m$ 的正组合, 这里 $\boldsymbol{x}_1, \cdots, \boldsymbol{x}_m$ 属于 X 且线性无关.

(b) 对任意 $\operatorname{cone}(X)$ 中的任意元素 x, x 可以表示为向量 $\boldsymbol{x}_1, \cdots, \boldsymbol{x}_m$ 的凸组合, 这里 $\boldsymbol{x}_1, \cdots, \boldsymbol{x}_m$ 属于 X 且 $x_2 - x_1, \cdots, x_m - x_1$ 线性无关.

设 A 是一个 $|X| \times |X|$ 的 M_X 的非奇异子矩阵,其中 $|\det A| = \alpha_X$,设 E 是 A 的行指标集,令 $d_E := (d_{ij})_{ij \in E}$. 那么 $A\lambda = d_E$,即 $\lambda = A^{-1}d_E$. 利用克莱姆法则,我们得到 $(\det A)\lambda$ 是一个整数值. 这就说明 αd 是超立方嵌入的. ■

可以从上面的证明过程中得到下面的上界:因为 $k \times k$ 的二元矩阵的绝对值一定小于等于 $k!$,所以 V_n 上的一个整数 l_1 - 距离 d 的最小尺度为

$$\eta(d) \leqslant \binom{n}{2}!$$

定义 2.7 设 (X, d) 为距离空间. 子集 $U \subseteq X$ 称为 d - 凸的. 如果 $d(x, y) = d(x, z) + d(z, y)$,且 $x, y \in U$,则 $z \in U$.

引理 2.8 设 (X, d) 为 l_1 - 嵌入的距离空间,$d = \sum\limits_{A \subseteq X} \lambda_A \delta(A)$,其中对所有的 $A \subseteq X, \lambda_A \geqslant 0$. 则对每个割的半度量 $\delta(A)$,A 和 $X \backslash A$ 都是 d - 凸的.

定义 2.9 设 d 为 V_n 上的距离,d 的任何一个分解

$$d = \sum_{S \subseteq V_n} \lambda_S \delta(S)$$

其中对所有的 $S, \lambda_S \geqslant 0$(或 $\lambda_S \in \mathbb{Z}_+$),称为 d 的一个非负识别(或正整数识别). 进一步,$\sum\limits_S \lambda_S$ 称为识别的尺寸(size),其中 $\lambda_S \geqslant 0$.

这样,对于 V_n 上的 l_1 - 距离 d,我们选择性地可以称为 d 的 l_1 - 嵌入(即对所有的 $i, j \in V_n$,d 由 $\mathbb{R}^m$ 中的 n 个向量 $\boldsymbol{u}_1, \boldsymbol{u}_2, \cdots, \boldsymbol{u}_n$ 构成,满足 $d_{ij} = \|u_i - u_j\|_1$),或者 d 的非负识别(d 表示为割的半度量的非负线性组合).

如果 d 是等距离 l_1 - 嵌入的,则 d 是一个 l_1 - 度量,即对所有的 $i, j \in V$,存在整数 $m \geqslant 1$ 和 n 个向量 $\boldsymbol{x}_1, \boldsymbol{x}_2, \cdots, \boldsymbol{x}_n \in \mathbb{R}^m$,使得 $d(i, j) = \sum\limits_{k=1}^{n} (x_{i_k} - y_{i_k})$,称 $x_1, x_2, \cdots, x_n$ 为 d 在 $\mathbb{R}^m$ 中的一个 l_1 - 嵌入.

设 d 是一个 l_1 - 度量,$x_1, x_2, \cdots, x_n$ 为 d 在 $\mathbb{R}^m$ 中的一个 l_1 - 嵌入,则由向量 $\boldsymbol{x}_1, \boldsymbol{x}_2, \cdots, \boldsymbol{x}_n$ 为行排成一个 $n \times m$ 矩阵 $\boldsymbol{M}$,称为 d 的识别矩阵.

例 考虑在 V_4 上定义的距离 $d := \{3, 1, 2; 4, 4; 2\} \in \mathbb{R}^{E_4}$. 则向量 $\boldsymbol{v}_1 = (1, 1, 1, 0, 0)$,$\boldsymbol{v}_2 = (1, 0, 0, 0, 1)$,$\boldsymbol{v}_3 = (0, 1, 1, 0, 0)$,$\boldsymbol{v}_4 = (0, 1, 1, 1, 1)$ 构成 d 的一个超立方嵌入,对应的正整数识别为

$$d = \delta(\{1, 2\}) + 2\delta(\{2\}) + \delta(\{4\}) + \delta(\{2, 4\})$$

识别矩阵为

$$\begin{pmatrix} 1 & 1 & 1 & 0 & 0 \\ 1 & 0 & 0 & 0 & 1 \\ 0 & 1 & 1 & 0 & 0 \\ 0 & 1 & 1 & 1 & 1 \end{pmatrix}$$

定义 2.10 设 (V_n, d) 是距离空间. 如果在等价的意义下, d 有唯一的 l_1 - 识别矩阵, 则 (V_n, d) 称为 l_1 - 严格的(l_1 - rigid). 同样地, 如果 d 有唯一的正整数识别, 则 (V_n, d) 称为 h - 严格的.

l_1 - 严格性也可以用识别矩阵的方式来描述. 考虑对识别矩阵 M 做下面三种运算:

1. 对 M 添加(或删除)一列, 其中元素都是单位元 1;
2. 对 M 所有的行添加任意一个向量 $a \in \mathbb{R}^m$;
3. 置换 M 的两列.

如果它们可以经过上面的三种运算相互得到, 则称图的两个 l_1 - 识别矩阵是等价的.

h - 严格性也可以用识别矩阵的方式来描述:

1. 对 M 添加(或删除)一列, 其中元素都是 0 或者 1;
2. 对 M 所有的行添加任意一个模的二元向量;
3. 置换 M 的两列.

如果它们的识别矩阵可以通过上述三种方式相互得到, 则 (V_n, d) 的两个超立方嵌入称为等价的. 那么, (V_n, d) 是 l_1 - 严格的(或者 h - 严格的)当且仅当在等价的意义下, 它有唯一的 l_1 - 嵌入(或者超立方嵌入).

2.2 l_1 - 嵌入的条件

2.2.1 超度量条件

设 $n \geqslant 2, b_1, b_2, \cdots, b_n$ 是整数. 我们考虑不等式

$$\sum_{1 \leqslant i < j \leqslant n} b_i b_j d_{ij} \leqslant 0 \tag{2.5}$$

其中 d_{ij} 为变量. 为简单, 对给定的 $b \in \mathbb{R}^n$, 我们用 $Q_n(b)$ 表示 $\mathbb{R}^{E_n}$ 中的向量, 其中 $Q_n(b)_{ij} := b_i b_j, 1 \leqslant i < j \leqslant n$. 这样, 不等式(2.5)可以写成 $Q_n(b)^{\mathrm{T}} d \leqslant 0$. 当 n 固定时, 我们常把 $Q_n(b)$ 简写为 $Q(b)$. 我们总假设至少有两个 b_i 是非零的, 否则

$Q_n(\boldsymbol{b}) = 0$,不等式(2.5)就变成平凡的.

如果 $\sum_{i=1}^{n} b_i = 1$,不等式(2.5) 称为超度量不等式(hypermetric inequality);如果 $\sum_{i=1}^{n} b_i = 0$,则该不等式称为负型不等式(negative type inequality). 如果对所有的 $i \in V_n$,$|b_i| = 0$ 或者 1,则不等式(2.5) 称为纯的. 如果 $\sum_{i=1}^{n} |b_i| = k$,不等式(2.5) 称为 k - 边形不等式. 注意,k 和 $\sum_{i=1}^{n} b_i$ 具有相同的奇偶性.

特别地,2 - 边形不等式就是负型不等式(2.5),其中 $b_i = 1$,$b_j = -1$,$b_h = 0$,$h \in V_n \backslash \{i,j\}$.

纯的 3 - 边形不等式就是超度量不等式(2.5),其中 $b_i = b_j = 1$,$b_k = -1$,对所有的 $h \in V_n \backslash \{i,j,k\}$,$b_h = 0$. 它等同于三角形不等式(2.1).

对 $\epsilon = 0,1$,纯的 $(2k + \epsilon)$ - 边形不等式读作:

$$\sum_{1 \leqslant r < s \leqslant k+\epsilon} d_{i_r i_s} + \sum_{1 \leqslant r < s \leqslant k} d_{j_r j_s} - \sum_{\substack{1 \leqslant r \leqslant k+\epsilon \\ 1 \leqslant s \leqslant k}} d_{i_r j_s} \leqslant 0$$

其中 $i_1, i_2, \cdots, i_k, i_{k+\epsilon}, j_1, j_2, \cdots, j_k$ 是 V_n 中两两不同的元素.

作为一个例子,5 - 边形不等式就是不等式 $Q_n(\boldsymbol{b})^{\mathrm{T}} d \leqslant 0$,其中 $\boldsymbol{b}$ 是下列向量之一:

$$(1,1,1,-1,-1,0,\cdots,0); (1,1,1,-2,0,\cdots,0); (2,1,-1,-1,0,\cdots,0);$$
$$(3,-1,-1,0,\cdots,0); (2,1,-2,0,\cdots,0); (3,-2,0,\cdots,0)$$

超度量不等式 $Q_n(\boldsymbol{b})^{\mathrm{T}} d \leqslant 0$,$\boldsymbol{b} \in \mathbb{Z}^n$,且 $\sum_{i=1}^{n} b_i = 1$,定义了 $\mathbb{R}^n$ 中的一个锥体,称之为超度量锥,记作 HYP_n. 与此类似,$\mathbb{R}^n$ 中的负型锥,记作 NEG_n,由负型不等式定义:$Q_n(\boldsymbol{b})^{\mathrm{T}} d \leqslant 0$,$\boldsymbol{b} \in \mathbb{Z}^n$,且 $\sum_{i=1}^{n} b_i = 0$.

若考虑的是一个有限集合 X 而不是 V_n,则记超度量锥为 $\mathrm{HYP}(X)$. 事实上,负型不等式在超度量不等式中隐含着,即对所有的 $n \geqslant 3$,$\mathrm{HYP}_n \subseteq \mathrm{NEG}_n$.

这个结果可以从下面的性质推导出来.

命题 2.11 设 k 是一个整数,则 $(2k+1)$ - 边形不等式隐含着 $(2k+2)$ - 边形不等式.

证明:设 $\boldsymbol{b} \in \mathbb{Z}^n$ 且 $\sum_{i=1}^{n} b_i = 0$,$\sum_{i=1}^{n} |b_i| = 2k+2$. 下证不等式 $Q_n(\boldsymbol{b})^{\mathrm{T}} d \leqslant 0$ 可

以表示成$(2k+1)$ - 边形不等式的非负线性组合.

不妨设存在整数 $p(1 \leqslant p \leqslant n-1)$，$b_1,\cdots,b_p > 0 > b_{p+1},\cdots,b_n$.

对 $1 \leqslant i \leqslant p$，令

$$c^{(i)} := (-b_1,\cdots,-b_{i-1},1-b_i,-b_{i+1},\cdots,-b_p,-b_{p+1},-b_n)$$

对 $p+1 \leqslant i \leqslant n$，令

$$c^{(i)} := (b_1,\cdots,b_p,b_{p=1},b_{p+1},\cdots,b_{i-1},b_i+1,b_{i+1},\cdots,b_n)$$

则每个向量 $c^{(i)} \in \mathbb{Z}^n$，所有的分量之和为 1，所有分量的绝对值之和为 $2k+1$. 因此，每个不等式 $Q_n(c^{(i)})^{\mathrm{T}}d \leqslant 0$ 是一个 $(2k+1)$ - 边形不等式. 注意

$$\sum_{1 \leqslant i \leqslant n} |b_i| Q_n(c^{(i)}) = 2kQ_n(b)$$

这就说明$(2k+2)$ - 边形不等式 $Q_n(b)^{\mathrm{T}}d \leqslant 0$ 隐含在$(2k+1)$ - 边形不等式 $Q_n(c^{(i)})^{\mathrm{T}}d \leqslant 0 (1 \leqslant i \leqslant n)$ 中. ■

例如，4 - 边形不等式 $Q_4(1,1,-1,-1)^{\mathrm{T}}d \leqslant 0$ 可以通过下面的 3 - 边形不等式累加起来得到：

$$Q_4(1,1,-1,0)^{\mathrm{T}}d \leqslant 0$$
$$Q_4(1,1,0,-1)^{\mathrm{T}}d \leqslant 0$$
$$Q_4(-1,0,1,1)^{\mathrm{T}}d \leqslant 0$$
$$Q_4(0,-1,1,1)^{\mathrm{T}}d \leqslant 0$$

推论 2.12　负型不等式隐含在超度量不等式里.

研究超度量不等式的另一个起因是它们对割锥也是成立的，即 $\mathrm{CUT}_n \subseteq \mathrm{HYP}_n$.

引理 2.13　每个等距离 l_1 - 嵌入的距离空间满足所有的超度量不等式.

证明：只需要证明每个割的半度量满足所有的超度量不等式. 假设 $S \subseteq V_n$，$b \in \mathbb{Z}^n$，满足 $\sum_{i=1}^n b_i = 1$. 那么

$$\sum_{1 \leqslant i < j \leqslant n} b_i b_j \delta(S)_{ij} = \sum_{i \in S, j \notin S} b_i b_j = \left(\sum_{i \in S} b_i\right)\left(\sum_{j \notin S} b_j\right) = \left(\sum_{i \in S} b_i\right)\left(1 - \sum_{i \in S} b_i\right)$$

是非负的，因为 $\sum_{i \in S} b_i$ 是一个整数. ■

2.2.2　负型条件

设 (X,d) 为距离空间. 如果 d 满足所有的超度量不等式（或所有的负型不等式），即 d 满足

$$\sum_{1\leqslant i<j\leqslant n} b_i b_j d(x_i,x_j) \leqslant 0 \qquad (2.6)$$

则 (X,d) 称为超度量的(或负型的). $\boldsymbol{b} \in \mathbb{Z}^n$,其中 $\sum_{i=1}^{n} b_i = 1 \left(\text{或者} \sum_{i=1}^{n} b_i = 0\right)$;
$x_1,\cdots,x_n \in X (n \geqslant 2)$.

在上面的定义中"$x_1,\cdots,x_n$ 是不同"的条件也可以弱化.事实上,假设 $x_1 = x_2$,则 $d(x_1,x_2) = 0$ 且对所有的 $i,d(x_1,x_i) = d(x_2,x_i)$.因此 $\sum_{1\leqslant i<j\leqslant n} b_i b_j d(x_i,x_j)$
可以改写成 $\sum_{2\leqslant i<j\leqslant n} b_i{}' b_j{}' d(x_i,x_j)$,令 $b_2{}' = b_1 + b_2, b_3{}' = b_3, \cdots, b_n{}' = b_n$.

换句话说,(X,d) 是超度量的(或负型的)当且仅当 d 满足不等式(2.6)(对所有的 $\boldsymbol{b} \in \{0,-1,1\}^n$),其中 $\sum_{i=1}^{n} b_i$(或 $= 0$)且所有的(不必不同)元素 $x_1,\cdots,x_n \in X (n \geqslant 2)$.

给定整数 $k > 1$ 和 $\epsilon \in \{0,1\}$,如果 d 满足不等式(2.6),则距离空间 (X,d) 称为 $(2k+\epsilon)$ - 边形的 $(\boldsymbol{b} \in \mathbb{Z}^n)$,其中 $\sum_{i=1}^{n} b_i = \epsilon \left(\text{或} \sum_{i=1}^{n} |b_i| = 2k+\epsilon; x_1,\cdots,x_n \in X (n \geqslant 2)\right)$.

如果我们要求只对纯的 $\boldsymbol{b}$,即 $\boldsymbol{b}$ 的元素属于 $\{0,1,-1\}$,d 满足所有的不等式,则我们可以得到同样的定义.例如,(X,d) 是 5 - 边形的,当且仅当对所有的 x_1,$x_2,x_3,y_1,y_2 \in X$,下面的不等式成立

$$\sum_{1\leqslant i<j\leqslant 3} d(x_i,x_j) + d(y_1,y_2) - \sum_{\substack{i=1,2,3 \\ j=1,2}} d(x_i,y_j) \leqslant 0 \qquad (2.7)$$

注意,距离空间的 k - 边形不等式关于 k 是单调的,即

引理 2.14 设 (X,d) 是一个距离空间.

1. 对任意正整数 $k \geqslant 2$,如果 (X,d) 是 $(k+2)$ - 边形的,则 (X,d) 是 k-边形的.

2. 对任意正整数 $k \geqslant 1$,如果 (X,d) 是 $(2k+1)$ - 边形的,则 (X,d) 是 $(2k+2)$ - 边形的.

证明:1. 假设 (X,d) 是 $(k+2)$ - 边形的,$\boldsymbol{b} \in \mathbb{Z}^n$ 满足 $\sum_{i=1}^{n} |b_i| = k$ 和 $\sum_{i=1}^{n} b_i = \epsilon$.其中:如果 k 是奇数,则 $\epsilon = 1$;如果 k 是偶数,则 $\epsilon = 0$.设 $x_1,\cdots,x_n \in X$.我们证明 $\sum_{1\leqslant i<j\leqslant n} b_i b_j d(x_i,x_j) \leqslant 0$.为此,我们设 $\boldsymbol{b}' := (\boldsymbol{b},1,-1) \in \mathbb{Z}^{n+2}$ 且 $x_{n+1} = x_{n+2} := x$,其中 $x \in X$.那么,$\sum_{1\leqslant i<j\leqslant n} b_i d_j d(x_i,x_j) = \sum_{1\leqslant i<j\leqslant n+2} b_i{}' b_j{}' d(x_i,x_j)$,由假设条件

(X,d) 是 $(k+2)$ - 边形的,知它是非正的.

2. 这个结论显然从命题 2.11 可以得到. ■

注 2.15　k - 边形不等式并不能从 $(k+2)$-边形不等式得到. 引理 2.14 的证明实际作用在距离空间的水平上,这是因为我们假设 X 的两个点 x_{n+1} 和 x_{n+2} 是一样的. 例如,5 - 边形不等式并不隐含三角形不等式. 考虑在 V_5 上定义的距离 $d: d_{12} = \dfrac{9}{4}, d_{34} = \dfrac{3}{2}$,其他的 $d_{ij} = 1$. 则 d 违反了某三角不等式,如 $d_{12} - d_{13} - d_{23}$ $= \dfrac{1}{4} > 0$;另一方面,我们可以证明 d 满足所有的 5 - 边形不等式.

关于图的 l_1 - 嵌入性在参考文献[110]中给出了一个必要条件,我们叙述它作为下面的一个命题.

命题 2.16　如果图 G 是个 l_1 - 图,则 d_G 一定满足下面的五边形不等式:对 G 的任意五个顶点 x, y, a, b 和 c,有

$$d(x,y) + (d(a,b) + d(b,c) + d(a,c))$$
$$\leqslant (d(x,a) + d(x,b) + d(x,c)) + (d(y,a) + d(y,b) + d(y,c))$$

作为本章的一个结论,我们给出下面负型条件和距离特征值之间的一个关系. 对任意的 $\boldsymbol{x} \in \mathbb{R}^n, \| \boldsymbol{x} \|_2 = \sqrt{\boldsymbol{x}^T \boldsymbol{x}}$.

引理 2.17　设 $\boldsymbol{M}$ 是一个对称的 $n \times n$ 矩阵,$\boldsymbol{U}$ 是 $\mathbb{R}^n$ 的一个子空间,其中对所有的 $\boldsymbol{x} \in \boldsymbol{U}, \boldsymbol{x}^T \boldsymbol{M} \boldsymbol{x} \leqslant 0$ 成立. 如果 $\boldsymbol{U}$ 的维数为 $n-1$,则 $\boldsymbol{M}$ 至多有一个正的特征值.

证明: 反证. 假设 $\boldsymbol{M}$ 有两个正的特征值 λ_1 和 λ_2. 设 $\boldsymbol{u}_1$ 和 $\boldsymbol{u}_2$ 分别是对应 λ_1 和 λ_2 的特征值,满足 $\boldsymbol{u}_1^T \boldsymbol{u}_2 = 0$,且 $\| \boldsymbol{u}_1 \|_2 = \| \boldsymbol{u}_2 \|_2 = 1$. 用 $\boldsymbol{V}$ 表示由 $\boldsymbol{u}_1$ 和 $\boldsymbol{u}_2$ 生成的 $\mathbb{R}^n$ 的一个子空间. 则对所有的 $0 \neq \boldsymbol{x} \in \boldsymbol{V}, \boldsymbol{x}^T \boldsymbol{M} \boldsymbol{x} > 0$ 成立;事实上,如果 $\boldsymbol{x} = a_1 \boldsymbol{u}_1 + a_2 \boldsymbol{u}_2$ 且 $(a_1, a_2) \neq (0,0)$,则 $\boldsymbol{x}^T \boldsymbol{M} \boldsymbol{x} = a_1^2 \lambda_1 + a_2^2 \lambda_2 > 0$. 因为 $\boldsymbol{U}$ 和 $\boldsymbol{V}$ 相应的维数为 n_1 和 2,则存在 $0 \neq \boldsymbol{x} \in \boldsymbol{U} \bigcup \boldsymbol{V}$. 因为 $\boldsymbol{x} \in \boldsymbol{U}$,所以 $\boldsymbol{x}^T \boldsymbol{M} \boldsymbol{x} \leqslant 0$,又 $\boldsymbol{x} \in \boldsymbol{V}$,所以 $\boldsymbol{x}^T \boldsymbol{M} \boldsymbol{x} > 0$,矛盾. ■

定理 2.18　设 (X,d) 是一个有限距离空间,伴随距离矩阵为 $\boldsymbol{D}$ 且 $\boldsymbol{D}$ 不是零矩阵. 若 (X,d) 是负型的,则距离矩阵 $\boldsymbol{D}$ 恰有一个正的特征值.

证明: 因为矩阵 $\boldsymbol{D}$ 的所有对角线上的元素之和为 0,所以 $\boldsymbol{D}$ 至少有一个正的特征值. 如果 (X,d) 是负型的,则由引理 2.16,$\boldsymbol{D}$ 至多有一个正的特征值. 因为对于 $\mathbb{R}^n$ 的一个 $(n-1)$-维的子空间中的所有的 $\boldsymbol{x}$,都有 $\boldsymbol{x}^T \boldsymbol{D} \boldsymbol{x} \leqslant 0$. 因此 $\boldsymbol{D}$ 恰好有一个正的特征值. ■

第3章 超立方图

本章我们将重点研究超立方图的结构和性质. 首先回顾一下超立方图的概念.

3.1 超立方图的定义

n - 维超立方图 Q_n.

1. 图 G_1:顶点集为 $V=\{b_1 b_2 \cdots b_n \mid b_i \in \{0,1\}\}$,其中的两个顶点相邻当且仅当这两个 n - 元数组恰有一个位置的元素不同. 若顶点 $v=\{b_1 b_2 \cdots b_n\}$,则称此数组为 v 的坐标,每个 $b_i (1 \leqslant i \leqslant n)$ 称为 v 的分量.

2. 图 G_2:给定集合 $V_n=\{1,2,\cdots,n\}$,则有 V_n 的幂集 $\mathcal{P}(V_n)$(即 V_n 的所有的子集(2^n 个)构成的集合). 将幂集 $\mathcal{P}(V_n)$ 作为顶点集,两个顶点 A 和 B 相邻当且仅当 $|A \triangle B|=1$,其中 $\triangle$ 表示两个集合 A 和 B 的对称差,也就是由属于 A 或 B 但不同时属于两者的元素构成的集合.

3. 图 G_3:n 个 K_2 的卡式积 $\underbrace{K_2 \square K_2 \square \cdots \square K_2}_{n}$,其中 K_2 是两个顶点的完全图.

定理 3.1 图 G_1, G_2 和 G_3 是同构的.

证明:1. G_1 和 G_2 是同构的. 定义从 V 到 $\mathcal{P}(V_n)$ 的映射 φ 如下

$$\varphi(x)=\{i \in V_n \mid x_i=1\}$$

其中 $x=\{x_1, x_2, \cdots, x_n\} \in V$. 显然 φ 为双射,其逆映射 $\varphi^{-1}(A)=\{x_1, x_2, \cdots, x_n\}$,对所有的 $A \subseteq V_n$,其中如果 $i \in A$,则 $x_i=1$;否则,$x_i=0$. 两个顶点在 G_1 只能相邻当且仅当存在 $j \in V_n$ 使得对所有的 $i \neq j, x_i=y_i$ 且要么 $x_j=1, y_j=0$,要么 $x_j=0$,$y_j=1$. 因此,$\varphi(x)=\varphi(y) \bigcup \{j\}$ 或者 $\varphi(y)=\varphi(x) \bigcup \{j\}$;也就是说 $\varphi(x)$ 与 $\varphi(y)$ 恰好相差一个元素. 这就说明 φ 就是从 G_1 到 G_2 的一个同构映射.

2. G_1 和 G_3 是同构的.

假设 $K_2=(\{0,1\}, \{0,1\})$,则 G_1 与 G_3 有相同的顶点集合 $\{0,1\}^n$,在 G_3 中,

顶点 $(x_1, x_2, \cdots, x_n)$ 与 $(y_1, y_2, \cdots, y_n)$ 相邻当且仅当存在 $1 \leqslant j \leqslant n$，当 $i \neq j$ 时，$x_i = y_i$，而 x_j 与 y_j 在 K_2 中是相邻的. 顶点 x_j 与 y_j 在 K_2 中相邻当且仅当 $x_j \neq y_j$. 因此 G_1 与 G_3 是同构的. ■

一个图称为 n 维超立方图（或 n - 立方体），如果它与 G_1, G_2 或 G_3 同构. 在同构意义下，n - 立方体是唯一的，我们把它记为 Q_n.

显然 $Q_1 = K_2, Q_2 = C_4$.

3.2　超立方图的自同构群

设 X 为一集合，$\mathcal{P}_f(X)$ 表示 X 的幂集，即 X 所有子集构成的集合.

定义 3.2　集合 X 上的超立方体图是指图 $\mathcal{H}(X)$，其顶点集为 $\mathcal{P}_f(X)$，两个集合 P, Q 在 $\mathcal{H}(X)$ 中是相邻的，如果它们的对称差 $P \triangle Q$ 恰有一个元素. 若 $|X| = n$，则图 $\mathcal{H}(X)$ 是 n - 立方体 Q_n.

给定 $A \in \mathcal{P}_f(X)$，对所有的 $S \in \mathcal{P}_f(X)$，定义一个映射 $\alpha_A : \mathcal{P}_f(X) \rightarrow \mathcal{P}_f(X)$，$\alpha_A(S) = S \triangle A$. 这个映射是 $\mathcal{H}(X)$ 的自同构. 自同构 α_A 形成自同构群 $\mathrm{Aut}(\mathcal{H}(X))$ 的一个子群，其群运算为

$$\alpha_A \circ \alpha_B = \alpha_{A \triangle B}, \qquad \alpha_A^{-1} = \alpha_A$$

单位元为 $e = \alpha_\varnothing$.

3.3　超立方图的度量结构

由 Q_n 的 G_1 定义我们知道，它的顶点是 n 维数组 $b_1 b_2 \cdots b_n$. 如果两个顶点之间连边，则一个数组含有偶数个 1，另一个数组含有奇数个 1，因此 Q_n 是二部的. 显然含有 2^n 个顶点，且每个顶点恰好有 n 个邻点，因此是 n - 正则的，所以它有 $n2^{n-1}$ 条边. 下面我们来说明 Q_n 的任意两个顶点 $u = u_1 u_2 \cdots u_n$ 和 $v = v_1 v_2 \cdots v_n$ 之间的距离恰好就是这两个数组不同分量的个数. 假设 $i_1, i_2, \cdots, i_s$ 是 u 和 v 分量不同的位置. 对 $k = 1, 2, \cdots, s$，令 u^k 表示从 u 的坐标中把 $u_{i_1}, u_{i_2}, \cdots, u_{i_s}$ 分别用 $v_{i_1}, v_{i_2}, \cdots, v_{i_s}$ 替换掉形成的顶点，则序列 $u, u_1, u_2, \cdots, u_s$ 是一条 u, v - 路. 这一定是一条最短路，因为两个相邻的顶点仅仅只有一个分量不同，任何一条 u, v - 路至少长度为 s. 显然任何一条最短的 u, v - 路都可以通过给定一个顺序把这 s 个不同的分量从 u 变成 v（所以从 u 到 v 存在 $s!$ 条最短的 u, v - 路）. 如果对某个 i，

$u_i = v_i$,那么对一条最短的 u,v - 路上的每个顶点 x,都有 $x_i = u_i = v_i$. 设集合 $S = \{i_1, i_2, \cdots, i_s\}$ 是 u 和 v 不同的分量的位置的集合. 对所有顶点 $x \in I(u,v)$,当 $i \notin S$,令 $x_i = v_i$;当 $j \in S$ 时,分量 x_j 可以被任意赋值为 u_j 或 v_j,这就说明 $I(u,v)$ 诱导出一个 s - 维超立方图. 总结下来,我们有下面的性质.

命题 3.3 假设 Q_n 是 n - 维超立方图,则

1. Q_n 是连通的二部图,n - 正则的,且直径为 n;

2. $|V(Q_n)| = 2^n, E(Q_n) = n 2^{n-1}$;

3. 对任意两个顶点 $u,v \in V(Q_n)$,区间 $I(u,v)$ 的诱导子图恰好是维数为 $d(u,v)$ 的超立方图.

命题 3.4 对 G_1 定义的 Q_n 中的任意两个顶点 $u = \{u_1, u_2, \cdots, u_n\}$ 和 $v = \{v_1, v_2, \cdots, v_n\}$,有

$$d_{Q_n}(u,v) = \sum_{i=1}^{n} |u_i - v_i|$$

这个距离称为 u 和 v 之间的海明距离(Hamming distance). 并且最短的 u,v - 路的条数正好是 $d(u,v)$!.

性质 3.5 $D(Q_n) = n, R(Q_n) = n$.

证明:显然对 Q_n 的任意两个顶点 u,v,都有 $d(u,v) \leqslant n$. 另一方面,对给定顶点 $u = \{u_1, u_2, \cdots, u_n\}$,则存在另一个顶点 $v = \{1-u_1, 1-u_2, \cdots, 1-u_n\}$. 由性质 3.5,它们之间的距离 $d(u,v) = n$. 因此,$D(Q_n) = n, R(Q_n) = n$. ∎

下面来考虑图 G_2 定义的超立方图的性质.

定理 3.6 图 G_2 定义的 n - 维超立方图中任意两点 A 和 B 的距离为

$$d(A,B) = |A \triangle B|$$

其中 $A \triangle B$ 表示集合 A 与 B 的对称差,即 $A \triangle B = (A \backslash B) \bigcup (B \backslash A)$.

证明:因为连接 A 和 B 的一条路上的任意两个相邻顶点之间恰好相差一个元素,所以连接 A 和 B 的最短路的长度不会小于 $A \triangle B$. 另外,因为 $A \triangle B$ 是一个有限集合,我们把 $A \backslash B$ 中的元素一个一个地删掉(如果需要的话),然后再一个一个地添加上 $B \backslash A$ 中的元素(如果需要的话),这样我们就可构造出一条连接 A 和 B 的且长度为 $A \backslash B$ 的路来. ∎

定理 3.7 假设 A,B 是 G_2 的两个顶点,顶点 C 落在 A 与 B 之间,当且仅当 $A \bigcap B \subseteq C \subseteq A \bigcup B$. 换句话说,$d(A,C) + d(C,B) = d(A,B)$,当且仅当 $A \bigcap B \subseteq C \subseteq A \bigcup B$.

证明:对 G_2 的任意两个顶点 P,Q,我们有

$$|P \cup Q| + |P \cap Q| = |P| + |Q| \qquad (3.1)$$

$$|P \triangle Q| = |P| + |Q| - 2|P \cap Q| \qquad (3.2)$$

必要性:假设 $d(A,C) + d(C,B) = d(A,B)$,也就是说,$|A \triangle C| + |C \triangle B| = |A \triangle B|$. 由式(3.2),$|A \triangle C| + |C \triangle B| = |A| + |C| - 2|A \cap C| + |C| + |B| - 2|C \cap B|$,同时 $|A \triangle B| = |A| + |B| - 2|A \cap B|$. 因为左边是相等的,所以

$$|C| + |A \cap B| = |A \cap C| + |C \cap B| \qquad (3.3)$$

由式(3.1)和式(3.3),得

$$|C \cup (A \cap B)| = |C| + |A \cap B| - |A \cap B \cap C|$$

$$= |A \cap C| + |C \cap B| - |A \cap B \cap C| \qquad (3.4)$$

$$|C \cap (A \cup B)| = |(C \cap A) \cup (C \cap B)| = |A \cap C| + |C \cap B| - |A \cap B \cap C| \quad \blacksquare$$

3.4　超立方图的刻画

定理 3.8　设 P 和 Q 是立方体 G_2 的两个顶点,$\{P_1, P_2, \cdots, P_n\}$ 和 $\{Q_1, Q_2, \cdots, Q_n\}$ 分别是 P 和 Q 的邻点的集合. 则存在 G_2 的一个自同构 σ,满足 $\sigma(P) = Q$ 且 $\sigma(P_i) = Q_i$,$1 \leqslant i \leqslant n$.

证明:P_i 与 P 相邻,所以 $P_i \triangle P = \{x_i\}$,对某个 $x_i \in X$. 因此,$\alpha_P(P_i) = \{x_i\}$. 同理,$\alpha_Q(Q_i) = \{y_i\}$,对 X 中的某个元素 y_i. 显然,存在 X 的一个置换 σ,把每个 x_i 映射到 y_i($1 \leqslant i \leqslant n$). 因此,对 $\gamma = \alpha \circ \hat{\sigma} \alpha_P$,我们有 $\gamma(P) = Q$ 且

$$\gamma(P_i) = (\alpha \circ \hat{\sigma} \alpha_P)P_i = Q_i \qquad (1 \leqslant i \leqslant n)$$

因此,γ 就是所要求的自同构.

定理 3.9　设 A 和 B 是超立方体 G_2 的两个顶点,$n = d(A,B)$. 则

(1) 在超立方体中恰有 $n!$ 最短 AB-路.

(2) 顶点 A 在连接 A 和 B 的最短路上恰有 $d(A,B)$ 个邻点,即 $|I(A,B) \cap N(A)| = n$.

证明:利用定理 3.3 和定理 3.8,我们假设 $A = \varnothing$,$B = X$ 是 G_2 的两个顶点,其中 $X = \{1, 2, \cdots, n\}$.

(1) 对于集合 X 上的一个置换 σ,我们定义 G_2 中的一条路 $P(\sigma)$ 连接 $\varnothing$ 和 X 如下

$$P(\sigma) = \{\varnothing, \{\sigma(1)\}, \{\sigma(1), \sigma(2)\}, \cdots, \{\sigma(1), \cdots, \sigma(n-1)\}, X\}$$

$P(\sigma)$的长度是$n=d(\varnothing,X)$,因此这条路是从$\varnothing$到X的一条最短路.显然,由不同的置换定义的路$P(\sigma)$也是不同的.另一方面,在G_2中从$\varnothing$到X的任意一条最短路是X的$n+1$个子集构成的嵌套序列.显然,对X上的某个置换,$\sigma P=P(\sigma)$.那么,在连接$\varnothing$到X的所有的最短路构成的集合与n元集合X上的所有置换构成的集合之间存在一一对应,这就证明了定理3.5中的(1).

(2) 根据有限超立方图G_2的定义,定理3.5中的(2)是显然的. ■

定理 3.10 设G是一个连通图,则下面的条件是等价的:

(1) 对每对顶点x和y,连接x和y的最短路的条数等于$d(x,y)!$;

(2) 对每对顶点x和y,x的邻点中落在至少一条最短x,y-路上的顶点个数为$d(x,y)$,即$|I(x,y)\bigcap N(x)|=d(x,y)$.

证明:(1)$\Rightarrow$(2).由(1),$I(x,y)$是一个有限集合.设$n=|I(x,y)\bigcap N(x)|$.对任意顶点$u\in I(x,y)\bigcap N(x)$,有

$$d(u,y)!=(d(x,y)-1)!$$

条最短的u,y-路.显然,任意一条最短的x,y-路恰包含$I(x,y)\bigcap N(x)$中的一个顶点.则$n(d(x,y)-1)!=d(x,y)!$.因此,$n=d(xy)$.

(2)$\Rightarrow$(1).假设$|I(x,y)\bigcap N(x)|=d(x,y)$,对于$x,y\in V(G)$,我们对$n=d(x,y)$进行归纳证明$x,y$之间的最短路的条数就是$n!$.如果$n=1$,结论是平凡的,显然成立.假设结论对于所有距离为$n-1$的点对$u$和$v$都成立.现在假设$x$和$y$是距离为$n$的两顶点,及$d(x,y)=n$.由归纳假设,对于$I(x,y)\bigcap N(x)$中的任意一个顶点$u$,存在$(n-1)!$条不同的最短$u,y$-路.因为任意一条最短的$x,y$-路恰好包含$I(x,y)\bigcap N(x)$中的一个顶点,所以图$G$中存在恰好$(n-1)!n=n!$条最短的$x,y$-路. ■

一个连通图满足定理3.10中的两个条件未必是一个超立方.一个简单的反例参看图3-1.

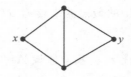

图 3-1 $I(x,y)\bigcap N(x)|=d(x,y)$,但图不是超立方图

但是若连通图是一个二部图,且满足定理3.10的条件,则它是超立方图,即有如下结论.

定理 3.11 设 G 是一个连通二部图,则下面三条是等价的:

(1) G 是一个超立方图.

(2) 对图 G 的两个顶点 x 和 y,x 和 y 之间的最短路的条数是 $d(x,y)!$;

(3) 对 G 的每对顶点 x 和 y,落在至少一条最短的 x,y - 路上的 x 的邻点的个数恰好是 $d(x,y)$.

证明:设 G 是一个二部图,u_0 是 G 的一个固定顶点,k 是一个非负整数.我们定义

$$N_k = \{v \in V \mid d(v,v_0) = k\}$$
$$B_k = \{v \in V \mid d(v,u_0) \leqslant k\}$$

显然,$N_0 = B_0 = \{u_0\}$,$N_1 = N(u_0)$,$B_k = \bigcup_{i=0}^{k} N_i$.用 G_k 表示 B_k 的导出子图,即 $G_k = G[B_k]$.

假设 G 满足条件(2),我们的目标是证明 G 是同构于 $\mathcal{H}(N_1)$ 的.为了证明这点,我们证明映射 $\psi: V \to \mathcal{P}_f(N_1)$,

$$\psi(x) = N_1 \bigcap I(u_0, x)$$

是所需要的同构映射.令 $\mathcal{P}_k$ 是 N_1 的元素个数 $\leqslant k$ 的子集族,即

$$\mathcal{P}_k = \{A \subset N_1 \mid |A| \leqslant k\}$$

H_k 是 $\mathcal{P}_k$ 导出的 $\mathcal{H}(N_1)$ 的子图.为证明 ψ 是一个同构,只需要证明 ψ 在集合 B_k 上的限制 ψ_k 是 G_k 到 H_k 的同构,$k \geqslant 0$.当 $k = 0$ 或 1 时,显然成立.因为 $\psi(u_0) = \varnothing$,$\psi(u) = \{u\}$,$u \in N(u_0)$(见图 3-2).

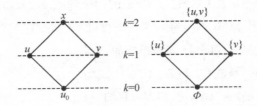

图 3-2 同构映射 $\psi_2: G_2 \to H_2$

现在我们考虑 $k = 2$.条件(2)说明给定 $x \in N_2$,存在唯一的一对顶点 $u, v \in N_1$ 与 x 相邻.N_1 中的任意两个不同顶点之间的距离是 2(因为图 G 是二部的).同时也说明对 N_1 的任意两个顶点 u, v,存在 N_2 的唯一的一个顶点 x,它与 u 和 v 都是相邻的.这就是 N_2 的顶点和 N_1 中的一对不同的顶点之间的一个一一对应.因此 ψ_2 是 G_2 和 H_2 之间的一个同构映射(见图 3-2).

设 $k \geqslant 3$.由归纳假设 ψ_{k-1} 是一个同构.对 N_1 的一个 k - 元子集 A,令 A_1,

$A_2,\cdots,A_k$ 是 A 的 $(k-1)$- 元子集. 令 $a_i=\psi_{k-1}^{-1}(A_i)$, $1\leqslant i\leqslant k$. 显然, $d(A_i,A_j)=2$, 且 $A_i\bigcap A_j$ 是 $\mathcal{P}_{k-1}$ 中唯一同时与 A_i 和 A_j 相邻的顶点. 因为 ψ_{k-1} 是一个同构, $d(a_i,a_j)=2$, 进一步, $\psi_{k-1}^{-1}(A_i\bigcap A_j)$ 是 N_{k-2} 中唯一同时与 a_i 和 a_j 相邻的顶点. 根据条件(2), 在 N_k 中存在唯一的顶点 $s(a_i,a_j)$, 与 a_i 和 a_j 都是相邻的. 我们断言所有的顶点 $s(a_i,a_j)$ 都是这样的. 显然只要证明 $x=s(a_1,a_2)$ 与 a_3 是相邻的就够了.

假设 $B_1=A_1\bigcap A_2$, $B_2=A_1\bigcap A_3$, $B_3=A_2\bigcap A_3$, $C=A_1\bigcap A_2\bigcap A_3$. 令 b_1,b_2,b_3 和 c 是 G 的四个不同的顶点(见图 $3-3$).

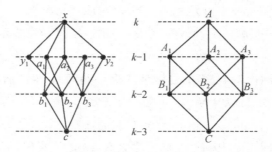

图 $3-3$　同构映射 $\psi_k:G_k\to H_k$

假设 x 是与 a_3 不相邻的. 因为 $d(x,b_2)=2$, 所以在 N_{k-1} 中存在唯一的顶点 $y_1\neq a_1$ 与 x 和 b_2 都是相邻的. 同样地, 在 N_{k-1} 中存在唯一的一个顶点 $y_2\neq a_1$ 与 x 和 b_3 都是相邻的. 因为 x 不与 a_3 相邻, 由归纳假设, G_{k-1} 同构于 H_{k-1}. 顶点 y_1, a_1,a_2,a_3,y_2 是两两不同的(见图 $3-3$). x 的四个邻点 y_1,a_1,a_2,y_2 每个都在连接 x 到 c 的最短路上. 因为 $d(x,c)=3$, 这与条件(2)矛盾. 我们证明了 x 是 N_k 中唯一地与 $a_1,a_2,\cdots,a_k$ 中的每个顶点都相邻的顶点.

现在我们证明 ψ_k 是从 G_k 到 H_k 的一个同构.

因为 $A_i=\psi_{k-1}(a_i)=I(a_i,u_0)\bigcap N_1$, 我们有

$$\psi_k(x)=I(x,u_0)\bigcap N_1=(\{x\}\bigcup\bigcup_{i=1}^{k}I(a_i,u_0))\bigcap N_1=\bigcup_{i=1}^{k}A_i=A$$

因此, 对 N_1 的任意一个 k- 元子集 A, 存在 N_k 的一个顶点 x 使得 $\psi_k(x)=A$. 另一方面, 让我们假设对 N_k 的一个顶点 y 使得 $\psi(y)=A$. 利用条件(2), 在 N_{k-1} 中恰好存在 k 个不同的顶点 $y_1,\cdots,y_k$ 与 y 相连. 我们有

$$\psi_{k-1}(y_i)=I(y_i,u_0)\bigcap N_1\subset I(y,u_0)\bigcap N_1=A$$

$|\psi_{k-1}(y_i)|=k-1$, 因此 $\psi_{k-1}(y_i)=A_j$, $1\leqslant j\leqslant k$. 也就是对某个 j, $y_i=a_j$. 因为 ψ_{k-1} 是一个同构, 所以

$$\{y_1, y_2, \cdots, y_k\} = \{a_1, a_2, \cdots, a_k\}$$

因为在 N_k 中 x 是唯一一个与 $a_1, a_2, \cdots, a_k$ 的每个顶点都相邻的顶点,所以 $y = x$.因此 $\psi|_{N_k}$ 是集合 N_k 和 $\mathcal{P} \backslash \mathcal{P}_{k-1}$ 之间的一一对应.

令 $x \in N_k$ 和 $y \in N_{k-1}$ 是 G_k 的两个相邻的顶点.我们有

$$\psi_k(y) = \psi_{k-1}(y) = I(y, u_0) \bigcap N_1 \subset I(x, u_0) \bigcap N_1 = \psi_k(x)$$

因此,顶点 $\psi_k(x)$ 和 $\psi_k(y)$ 在 G_k 中是相邻的.我们已经证明了对 H_k 的任意两个顶点 $A, B, |A| = k$(对某个 $i, B = A_i$),它们在 ψ 下的原像在 G_k 中是相邻的,这就证明了 ψ 是 G 到 $\mathcal{H}(N_1)$ 的同构. ∎

更多的关于超立方体图的性质参考文献[98].

3.5　区间距离单调图

回顾一下距离定义.对图 G 中任意两点 u, v,定义它们之间的距离 $d_G(u, v)$ 为它们之间最短路的长度.如果没有最短路,则定义 $d_G(u, v) = \infty$.显然,在连通图 G 上,整值函数 $d_G(u, v)$ 是一个度量.在图 G 上,u 和 v 之间的区间 $I_G(u, v)$ 指在 G 上 u 和 v 之间所有最短路上的点构成的集合[90].如果对任意的 $u, v \in V(H), I_G(u, v) \subseteq H$,则 G 的子图 H 称为凸的(convex).这两个定义与实数轴上的区间和 R^n(n 维欧氏空间)中的凸集的概念是一致的.

定义 3.12　设 $G = (V, E), u, v \in V$.如果对任意的顶点 $w \in V \backslash I(u, v)$,$I(u, v)$ 存在一个顶点 w' 满足 $d(w, w') > d(u, v)$,则图 G 的一个区间 $I(u, v)$ 称为闭的.

定义 3.13　如果 G 的所有的区间都是闭的,则图 G 称为距离单调的.

例如:路、偶圈、$\widetilde{K_{n,n}}$(完全二部图去掉一个完美匹配)等都是距离单调图.

定理 3.14　超立方图是距离单调的.

证明:设 G 为 n 维超立方图,则 G 的所有顶点为 n 维 $0, 1$ - 向量,G 中任意两点间的距离等于它们不同分量的个数.任取 G 的一个区间 $I_G(u, v)$,记作 H.设 $d_G(u, v) = k$,由命题 3.3,有 H 为 k 维超立方图,且 H 中的每个顶点是由其中 $n - k$ 个分量固定不变,其余 k 个分量由自由变化得到.任取 $w \in V(G) \backslash I_G(u, v)$,则 w 必至少有一个分量与 H 中的顶点的固定的 $n - k$ 个分量取值不同,在 H 中取点 w',它的变化的 k 个分量恰都与 w 的对应的 k 个分量取值不同.显然 $d_G(w, w') \geqslant k + 1$.所以,$I_G(u, v)$ 是闭的,从而超立方图是距离单调的. ∎

为了证明的需要,不加证明的引用 Burosch 等(1992)得到的两个定理[25].

定理 3.15 设 G 是一个距离单调图,则

1. G 是二部的连通图.

2. 若 v,w_1,w_2,w_3 是 G 的不同四点,且 w_1,w_2,w_3 都和 v 相邻,则必存在一个顶点 u 满足与 w_1,w_2 相邻,而与 w_3 不相邻.

3. (1) 若 $\delta(G)=1$,则 G 同构于一条路;

   (2) 若 $\delta(G)=2$,则 G 同构于一个偶圈.

4. 若 $\delta(G)\geqslant 3$,则 G 是区间球面的和径向的.

5. 对满足 $d_G(u,v)=D(G)$ 的任意两点 u,v,都有 $V(G)=I_G(u,v)$.

定理 3.16 设 $\delta(G)\geqslant 3$,则 G 是超立方图当且仅当 G 是距离单调的和区间单调的.

3.5.1 图的正则性及超立方图

设图 $G=(V(G),E(G))$ 为连通图,对某个给定 $u\in V(G)$,记 $N_i(u)=\{d(u,v)=i\}$,即它表示 G 中所有到 u 的距离为 i 的点的集合.

定义 3.17 称 G 为区间正则的,如果对所有的顶点 u 和 $x\in N_i(u)$,都有

$$|N_{i-1}(u)\bigcap N_1(x)|=i, \qquad i>0$$

成立.

定义 3.18 称 G 为度正则的,如果对任意的顶点 $u,v\in V(G)$,对所有的 $0\leqslant i\leqslant D(G)$,$|N_i(u)|=|N_i(v)|$ 都成立.

定义 3.19 称 G 为距离正则的,如果对任意的 $u\in V(G)$,$x\in N_i(u)$,存在仅与 i 有关的常数 a_i,b_i,c_i,使得

$$|N_{i-1}(u)\bigcap N_1(x)|=c_i$$
$$|N_i(u)\bigcap N_1(x)|=a_i$$
$$|N_{i+1}(u)\bigcap N_1(x)|=b_i$$

成立.

Mulder 提出了两个猜想[92]:

猜想 1:区间正则图是区间单调的;

猜想 2:不含三角形的球面图是区间正则的.

Sergeil Bezrukov 和 Attila Sali 在文献[16]中对这两个猜想给予了部分解决,证明了:

（1）如果不含三角形的图 G 满足四边形性质，则 G 是区间正则的.

（2）如果区间正则图 G 是球面的，则它是区间单调的.

K. Nomura（1995）对上述猜想 1 在距离正则图上给予了部分解决，证明了在含有三角形的区间正则的距离正则图中，对任意的距离为 3 的两点 u,v，$I_G(u,v)$ 是凸的[97]. Laborde 和 Madani（1997）证明了当 d 为奇数时，图 $G(Q_d)$（见定义 3.20）既不是区间正则的也不是区间单调的；当 d 为偶数时，$G(Q_d)$ 是区间正则的但不是区间单调的，即给出了 Mulder 猜想 1 的反例[85].

对于图的区间，除了凸性，G. Burosch 等还研究了区间的闭性. 若对 $V \backslash I(u,v)$ 中的任意一点 w，都有 $w' \in I(u,v)$，使得 $d(w,w') > d(u,v)$，则称 $I(u,v)$ 是闭的. 这与实轴上的闭区间定义是一致的. G. Buroschch 等（1988）提出了距离单调图（distance monotonic graph）（每个区间是闭的）[70]，并在文献[25]中提出猜想：DM 中的图都是正则的（DM 指包含 Q_0，Q_1，Q_2 和所有 $\triangle(G) \geqslant 3$ 的距离单调图）. Méziane Aïder 和 Mustapha Aouchiche（2002）又提出了距离单调图的概念，即每个区间是距离单调图（interval distance monotone graph）[1]，并在文中提出如下问题。

问题 1：对于海明图（Hamming graph），扩展奇图（extended odd graph）等如何用距离单调性来刻画？

问题 2：能否用禁止子图的概念来刻画区间距离单调图？

猜想：一个图是区间距离单调的，当且仅当它的每个区间要么同构于一条路，要么同构于一个偶圈，要么同构于一个超立方图.

超立方图 Q_n 是图论中较重要的典型图类，从文献[1,25]中我们知道超立方图是区间单调、距离单调和区间距离单调的. 它跟球有这样相同的性质，即它的每个顶点 x 都有唯一一个对应点（距离最远的点）$\bar{x}$，且 $I_G(x,\bar{x}) = V(Q_n)$. 又 Q_n 的每个区间也是一个超立方图（见命题 3.3），因而每个区间也是像球一样，这样仅仅考虑图的每个区间导出子图，每个区间都是球面的，A. Berrachedi 等（2003）定义了一大类图——球面图（spherical graph）. 它与上面提到的区间正则图和区间单调图有很密切的关系，最近有很多关于它的研究[16,18,82,114]，Berrachedi 等（2003）证明了结论 1：球面图 G 都是正则的. 设度为 d，则点连通度 $\kappa(G) = d$，且对任意的区间 $I_G(u,v)$，其中到 u 的距离为 k 的点数等于到 v 的距离为 $d_G(u,v) - k$ 的点数，这里 $0 \leqslant k \leqslant d_G(u,v)$. 结论 2：当图 G 为球面图时，G 是顺时针凸的、G 是区间单调的、G 具有四边形性质，三者等价. Koolen 等（2004）对球面图的结构进行了研究[82]，推广了上面的结论 1，得到球面图是度正则的，且证明了强球面图（strongly spherical graph）G 同构于 $G_1 \times G_2 \times \cdots \times G_m$，这里 m 是正整数，对每个 $i \in \{1, 2, \cdots, m\}$，图 G_i 是对径约翰逊图（antipodal Johnson graph），或是对径半立方图（antipodal halved cube），或是高赛特图（Gosset graph），或是鸡尾酒会图（cocktail party graph）. 还证明了上面 H. M. Mulder 猜想 2：每个不含三角形的球面图是区间正则的.

图 $G(Q_d)$ 定义如下：

定义 3.20　设 $Q_{d-2}^{00}, Q_{d-2}^{10}, Q_{d-2}^{01}, Q_{d-2}^{11}$ 为 Q_{d-2} 的 4 个拷贝，它们分别是由 Q_d 中最后两个分量分别等于 $00, 10, 01$ 和 11 的所有顶点的导出子图，在 Q_{d-2}^{ii}（$i = 0, 1$）中连接所有的对应点，再把 Q_{d-2}^{10} 中的每一点跟它在 Q_{d-2}^{01} 中的对应点连接起来. 这样所得的图我们记为 $G(Q_d)$.

3.5.2　球面图及其例子

定义 3.21　若对任意 $w \in V(G)$，存在 $\overline{w} \in V(G)$，使得 $d_G(w, \overline{w}) = D(G)$，则称 $\overline{w}$ 为 w 的径向点（diametrical vertex）.

若 G 的每个顶点都有唯一的径向点，则称 G 是径向图（diametrical graph）.

定义 3.22　图 G 的一个区间 I 称为弱球面的（weakly spherical），若对任意 $w \in V(G)$，至少存在一点 $\overline{w} \in I$，使得 $d_G(w, \overline{w}) = D(I)$.

图 G 的一个区间 I 称为球面的（spherical），若对任意 $w \in V(G)$，存在唯一的点 $\overline{w} \in I$，使得 $d_G(w, \overline{w}) = D(I)$. 称 $\overline{w}$ 为 w 的对应点（antipodal vertex）.

若对任意的 $u \in V(G)$，都存在顶点 $v \in V(G)$，使得 $I(u, v) = V(G)$，则称 G 为对应的.

一个图 G 称为球面的（interval spherical），若它的每个区间是球面的.

连通图 G 称为强球面的（strongly spherical），若它既是对应的又是球面的.

Berrachedi et al.[18] 得到了：

定理 3.23　二部球面图同构于超立方图.

另外有几个比较重要的球面图的例子：

(1) 鸡尾酒会图（cocktail party graph）$K_{n \times 2}$，顶点集合 $V = \{v_1, v_2, \cdots, v_n, v_{n+1}, \cdots, v_{2n}\}$，边集是 V 中的所有顶点对除去 n 个顶点对 $\{v_1 v_{n+1}, \cdots, v_n v_{2n}\}$.

(2) 约翰逊图（Johnson graph）$J(k, d)$，$k \geqslant d \geqslant 0$，$k > 0$ 顶点集中元素为由 d 个 1，$k - d$ 个 0 组成的 k 维 $0, 1$ – 向量，两个顶点相邻当且仅当它们恰有两个分

量不同.

（3）高赛特图（Gosset graph）顶点为 8 维向量,其中要么包含两个 1 和六个 0,要么包含六个 $+\frac{1}{2}$ 和两个 $-\frac{1}{2}$,两个顶点相邻当且仅当它们的内积为 $+1$.

（4）半立方图（halved cube）$\frac{1}{2}Q_n$,设 X,Y 为超立方图 Q_n 的顶点集的二部划分,$V\left(\frac{1}{2}Q_n\right)=X$,对任意的顶点 $u,v\in V\left(\frac{1}{2}Q_n\right)$,当 u 与 v 在 Q_n 中有公共邻点时,u 与 v 相邻.

先给出区间距离单调的定义.

定义 3.24 一个图 G 称作区间距离单调的,如果它的每个区间导出图是距离单调的.

例如:完全图、测地图、树、圈、海明图等都是区间距离单调图.另外,还有扩展奇图（extended odd graph,也称为 Laborde-Mulder graph）$E_k(k\geqslant 2)$ 也是区间距离单调图.E_k 的顶点集为 $A\subseteq\{1,2,\cdots,2k-1\}$;$|A|\leqslant k-1$,两个顶点相邻当且仅当它们的对称差元素个数等于 1 或 $2k-1$.当 $k=2$ 时,E_k 为完全图 K_4;当 $k=3$ 时,E_k 为格林伍德-格里森图（Greenwood-Gleason graph）.*Méziane Aïder* 和 *Mustapha Aouchiche*（2002）还得到了:

定理 3.25[1]

1. 设 G 是距离单调图,u,v 是 G 的任意两点,则 $I_G(u,v)$ 是距离单调的当且仅当它是凸的.

2. 图 G 是树,当且仅当 G 是二部的区间距离单调图,且 $\delta(G)=1$.

3. 图 G 同构于偶圈,当且仅当 G 是二部的区间距离单调图,且 $\delta(G)=2$.

4. 当 $\delta(G)\geqslant 3$ 时,图 G 同构于超立方图当且仅当 G 是二部的区间距离单调图.

对所有的 $0\leqslant i\leqslant d(u,v)$,记
$$N_i(u,v)=\{w\in I(u,v)\mid d(u,w)=i\}$$
则 $N_i(u,v)=N_{d(u,v)-i}(v,u)$.

命题 3.26 当把区间 $I_G(u,v)$ 作为一个导出图时,记 $I_G(u,v)$ 为 H,则 $D(H)=d_G(u,v)$.

证明:对 $\forall w_1,w_2\in V(H)$,只要证明 $d_H(w_1,w_2)\leqslant d_G(u,v)$ 即可.由
$$2d_G(u,v)=d_G(u,w_1)+d_G(w_1,v)+d_G(u,w_2)+d_G(w_2,v)$$

$$=d_H(u,w_1)+d_H(w_1,v)+d_H(u,w_2)+d_H(w_2,v)$$
$$\geqslant 2d_H(w_1,w_2)$$

所以 $d_H(w_1,w_2)\leqslant d_G(u,v)$.

下面我们主要证明区间距离单调的一个等价刻画.

为了证明的需要,我们给出下列定义和引理.

定义 3.27 (H. M. Mulder,1979)[92] 连通图 G 称为 $(0,2)$- 图,若 G 中任意两点都恰有两个公共邻点,或者没有公共邻点.

引理 3.28 设 G 是区间距离单调图,则 G 不包含 $K_{1,1,2}$,$K_{2,3}$ 作为它的导出子图.

证明: 反证法.分两步证明该引理.

第一步:假设 G 包含 $K_{1,1,2}$(见图 3-4)作为它的导出子图.$d_G(x,y)=1$,$d_G(u,v)=2$,且 $x,y\in I_G(u,v)$.又 G 是区间距离单调的,所以 $I_G(u,v)$ 是距离单调的,记作 H.对于 u(或者考察 v),$u\notin I_H(x,y)$,但是在 $I_H(x,y)$ 中不存在这样的点 $\bar{u}$,使得 $d_H(u,\bar{u})>d_H(x,y)=1$,则 $I_H(x,y)$ 不是闭的,矛盾.

图 3-4 $K_{1,1,2}$

图 3-5 $K_{2,3}$

第二步:假设 G 包含 $K_{2,3}$ 作为导出子图(见图 3-5).$d_G(u,v)=2$,记 $I_G(u,v)$ 为 H,由定义知 H 是距离单调的.

(1) 若存在某个 $w_i(1\leqslant i\leqslant 3)$,$d_H(w_i)=2$,由定理 3.15(3)知,$H$ 同构于一个偶圈,但是 $d_H(u)\geqslant 3$,矛盾.

(2) 若对于所有的 $i(1\leqslant i\leqslant 3)$,$d_H(w_i)\geqslant 3$,则一定存在另外三点 $w_1',w_2',w_3'\in H$,使得 $w_1w_1',w_2w_2',w_3w_3'\in E(H)$(见图 3-6).又对任意的 $i(1\leqslant i\leqslant 3)$,$w_i'u,w_i'v\in E(H)$.这样出现三长圈,但 H 是二部的,矛盾.

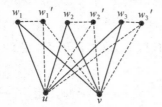

图 3-6 $d_H(w_i)\geqslant 3,i=1,2,3$

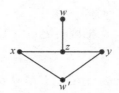

图 3-7 x 和 y 有一个公共顶点 z,且 $d_I(z)\geqslant 3$

引理 3.29 设 G 是区间距离单调图,对任意的 $u,v \in V(G)$,记 $I_G(u,v)$ 为 I. 如果 $\delta(I) \geqslant 3$,则 I 是 $(0,2)$- 图.

证明:由于 G 是区间距离单调的,由引理 3.28 知,G 不含 $K_{2,3}$ 作为它的导出子图,I 作为 G 的导出子图也不含 $K_{2,3}$ 作为它的导出子图. 也就是对 I 中的任意两点,它们最多有两个公共邻点. 假设在 I 中有两点 x 和 y,它们只有一个公共邻点 z(见图 3-7). 由于 $d_I(z) \geqslant 3$,在 I 中必存在一点 $(x \neq) w (\neq y)$ 与 z 相邻. 由定义 I 是距离单调的,由定理 3.15(2) 知,必存在点 $w' \in I$,使得 w' 与 x 和 y 都相邻,但和 w 不相邻. 这样 w' 是 x 和 y 的另一个公共邻点,矛盾.

所以 I 是一个 $(0,2)$- 图.

设 G 是一 n- 维超立方图. 任取点 $u \in V(G)$,设 $N_k = \{w \in V(G) \mid d_G(u,w) = k\}$,$k = 1,2,\cdots,n$,称 $N_0,N_1,\cdots,N_n$ 是 G 的从 u 开始的层分解,又 Q_n 是二部的,所以对任意的 $i,j \in \{1,2,\cdots,n\}$,$N_i \cap N_j = \varnothing$ 或者 $N_i = N_j$.

引理 3.30 设 G 是一 n- 维超立方图. 任取点 $u \in V(G)$,设 $N_0,N_1,\cdots,N_n$ 是 G 的从 u 开始的层分解,则 $|N_i| = \binom{n}{i}$ 且 N_i 中每一点 y 都恰有 i 个邻点位于 N_{i-1} 中.

证明:标记 G 的所有顶点为一 n- 维 $(0,1)$- 向量. 特别地,记 $u = (\underbrace{0,\cdots,0}_{n})$,这样,对 G 的任意两个顶点 x,y,x 与 y 的距离等于相应的不同坐标的个数. 所以,对 N_i 的任意顶点 y,恰好有 i 个坐标为 1,其他为 0. 从而,$|N_i| = \binom{n}{i}$. 任取 N_i 的顶点 y,改一个 1 为 0,y 变成 y',且 $d_G(y',u) = i-1$,故 $y' \in N_{i-1}$ 且与 y 相邻. 这样 y 恰好在 N_{i-1} 中有 $\binom{i}{1} = i$ 个邻点.

引理 3.31[84,92] 设 G 为 $(0,2)$- 图,则 G 是正则的. 设度为 n,则 $|V(G)| \leqslant 2^n$,当且仅当 G 是超立方图 Q_n 时等式成立.

最后以区间距离单调图的一个等价刻画来结束本章内容.

定理 3.32 G 是区间距离单调图,当且仅当 G 的每个区间要么同构于一条路、要么同构于一个偶圈、要么同构于一个超立方图 Q_n.

证明:充分性:由于路、偶圈和超立方图都是距离单调的,由定义 3.13 知,G 是区间距离单调的.

必要性:任取 G 的一个区间 $I_G(u,v)$,记作 H,由定义,H 是距离单调的. 利用定理 3.15(3)知：

1. 若 $\delta(H)=1$, H 同构于一条路.

2. 若 $\delta(H)=2$, H 同构于一偶圈.

3. 下面我们证明当 $\delta(H)=k\geqslant 3$ 时，H 同构于超立方图 Q_k. 由引理 3.2，当 $\delta(H)=k\geqslant 3$ 时，H 是一个 $(0,2)$ - 图，再利用引理 3.31 知，H 是 k - 正则的，且 $|V(H)|\leqslant 2^k$. 要证明 H 同构于超立方图 Q_k，只需再证 $|V(H)|\geqslant 2^k$. 因为 H 是距离单调的，由定理 3.15(4)知，H 是径向的，任取 H 的一对径向点 x 和 $\bar{x}$，则 $I_H(x,\bar{x})=V(H)=I_G(u,v)$. 设 $N_0,N_1,\cdots,N_n$ 是 G 的从 x 开始的层分解，其中 $N_i=\{w\in V(H)\,|\,d_H(x,w)=i\}$, $i=0,1,2,\cdots,D(H)$. 显然 $N_0=\{x\}$, $N_{D(H)}=\bar{x}$. 又由定理 3.15}(1)知，H 是二部的. 所以对任意的 $i,j\in\{0,1,\cdots,D(H)\}$, $N_i\cap N_j=\varnothing$ 或者 $N_i=N_j$. 因为 $x,\bar{x}$ 是一对径向点且 H 是 k - 正则的，所以我们把 H 中的顶点按照到 $\bar{x}$ 的距离重新进行层分解. 记为 $N_j^-=\{w\in V(H)\,|\,d_H(\bar{x},w)=j\}$, $j=0,1,2,\cdots,D(H)$，显然 $N_0^-=\{\bar{x}\}$, $N_{D(H)}^-=x$，且对任意的 $i\in\{0,1,2,\cdots,D(H)\}$, $N_i=N_{D(H)-i}^-$.

下面对 k 用归纳法证明 $H\cong Q_k$.

(1) 当 $k=3$ 时，$V(H)\leqslant 2^3=8$. $|N_0|=|N_0^-|=1$, $|N_1|=|N_1^-|=3$，且 $N_1\cap N_1^-=\varnothing$(见图 3-8)，否则，$N_1=N_1^-$, H 包含 $K_{2,3}$ 作为导出子图，与"H 是 $(0,2)$-图"矛盾. 这样

$$8=|N_0|+|N_0^-|+|N_1|+|N_1^-|\leqslant|V(H)|\leqslant 8$$

再由引理 3.31，知 $H\cong Q_3$.

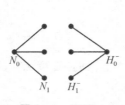

图 3-8　$\delta(H)=3$

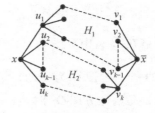

图 3-9　$\delta(H)=k$

(2) 假设 G 的每个最小度为 $k-1$ 的区间都同构于 Q_{k-1}. 当 $\delta(H)=k$ 时，设 $N_1=\{u_1,u_2,\cdots,u_k\}$, $N_1^-=\{v_1,v_2,\cdots,v_k\}$(见图 3-9).

断言：$I_G(u_1,\bar{x})=I_H(u_1,\bar{x})$.

由 $I_G(u,v)=H$，显然 $I_G(u_1,\bar{x})\subseteq I_H(u_1,\bar{x})$，且

$$d_H(u_1,\bar{x})=d_G(u_1,\bar{x})=D(H)-1$$

对任意的 $w \in I_H(u_1, \bar{x})$，则

$$d_H(u_1, w) + d_H(w, \bar{x}) = D(H) - 1$$

又

$$D(H) - 1 = d_G(u_1, \bar{x}) \leqslant d_G(u_1, w) + d_G(w, \bar{x})$$
$$\leqslant d_H(u_1, w) + d_H(w, \bar{x}) = D(H) - 1$$

因此 $I_H(u_1, \bar{x}) \subseteq I_G(u_1, \bar{x})$.

记 $I_H(u_1, \bar{x})$ 为 H_1，由定义知，H_1 是距离单调的，且由命题 3.3，$d_{H_1}(u_1) = k - 1$. 又由引理 3.29 和引理 3.31，H_1 是 $k-1$ - 正则的. 由归纳假设，$H_1 \cong Q_{k-1}$，且

$$d_{H_1}(u_1, \bar{x}) = D(H_1) = k - 1 = D(H) - 1$$

因此 $D(H) = k$. 不妨设 $v_k \notin V(H_1)$. 同理，$I_G(v_k, x) = I_H(v_k, x)$，记为 H_2，则 $H_2 \cong Q_{k-1}$.

下证 $V(H_1) \bigcap V(H_2) = \varnothing$.

令 $N_i^1 = N_i \bigcap H_1$，$N_i^2 = N_i \bigcap H_2$，其中 $i = 0, 1, 2, \cdots, k$，$N_0^1 = \varnothing$，$N_k^2 = \varnothing$. 显然 N_i^1 中的点到 u_1 的距离为 $i - 1$，N_i^2 中的点到 x 的距离为 i，又 u_1 和 $\bar{x}$ 为 H_1 一对径向点，x 和 v_k 为 H_2 的一对径向点，所以 $N_i^1, N_i^2 (i = 0, 1, 2, \cdots, k)$ 分别为 H_1 和 H_2 的层分解.

我们只要证明对任意的 $0 \leqslant i \leqslant k$，有 $N_i^1 \bigcap N_i^2 = \varnothing$ 就可以了.

对层数 i 用归纳法.

(1) 当 $i = 0$ 时，$N_0^1 = \varnothing$，所以 $N_0^1 \bigcap N_0^2 = \varnothing$；当 $i = 1$ 时，显然，$u_1 \notin \{u_2, u_3, \cdots, u_k\}$，所以 $N_1^1 \bigcap N_1^2 = \varnothing$.

(2) 假设对所有的 $1 \leqslant i < j$，在 N_i 中，$N_i^1 \bigcap N_i^2 = \varnothing$. 在 N_j 中，假设存在点 $z \in N_j^1 \bigcap N_j^2$. 由引理 3.31，在 H_1 中，z 有 $j - 1$ 个邻点（记为 $y_1, y_2, \cdots, y_{j-1}$）位于 N_{j-1}^1 中，有 $k - 1 - (j - 1)$ 个邻点位于 N_{j+1}^1 中. 在 H_2 中，z 有 j 个邻点（记为 $z_1, z_2, \cdots, z_j$）位于 N_{j-1}^2 中，有 $k - 1 - j$ 个邻点位于 N_{j+1}^2 中. 由归纳假设，$y_1, y_2, \cdots, y_{j-1}, z_1, z_2, \cdots, z_j$ 两两不同，此时

$$d_H(z) \geqslant j - 1 + j + k - 1 - (j - 1) = k + j - 1 > k$$

与"H 是 k - 正则的"矛盾. 所以，在 N_j 中，$N_j^1 \bigcap N_j^2 = \varnothing$. 因此 $V(H_1) \bigcap V(H_2) = \varnothing$. 故

$$|V(H)| \geqslant |V(H_1)| + |V(H_2)| = 2^{k-1} + 2^{k-1} = 2^k$$

3.5.3 区间单调,距离单调与区间距离单调三者之间的关系

Burosch 等(1992)得到[25]

1. $\widetilde{K_{n,n}}$ 是距离单调而不是区间单调的;

2. K_n、树(除了路)等是区间单调的而不是距离单调的.

Méziane Aïder 和 Mustapha Aouchiche(2002)还举出了是区间距离单调的,但不是区间单调的,也不是距离单调的例子[1](见图 3-10).

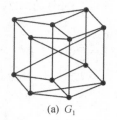 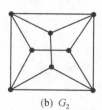

(a) G_1 (b) G_2

图 3-10   区间距离单调图,而不是区间单调和距离单调的

利用定理 3.25(1),我们得到如下结论:

定理 3.33

1. 若 G 是距离单调的且是区间单调的,则 G 是区间距离单调的.

2. 若 G 是距离单调的且是区间距离单调的,则 G 是区间单调的.

证明:1. 对任意的 $u,v \in V(G)$,由 G 是区间单调的,知 $I_G(u,v)$ 是凸的. 又 G 是距离单调的,由定理 3.25(1),$I_G(u,v)$ 是距离单调的. 所以 G 是区间距离单调的.

2. 对任意的 $u,v \in V(G)$,因为 G 是区间距离单调的,所以 $I_G(u,v)$ 是距离单调的,又 G 是距离单调的,由定理 3.25(1),$I_G(u,v)$ 是凸的. 因此 G 是区间单调的. ■

注 3.34   当 G 是区间单调和区间距离单调时,G 不一定是距离单调的. 例如皮特森图(Peterson graph)(见图 3-11).

图 3-11   皮特森图

　　Burosch 等(1992)证明了任意两个区间球面的距离单调图的卡氏积还是区间球面的距离单调图[25].但是两个区间球面的区间距离单调图的卡氏积就不一定是区间距离单调图(见图 3 - 12). P_5, P_4 都是区间距离单调的,但 $P_5 \square P_4$ 不是区间距离单调的;P_2, C_6 都是区间距离单调的,但 $P_2 \square C_6$ 不是区间距离单调的.因为其中的区间 $I(x,y)$ 和 $I(u,v)$ 都不是距离单调的.

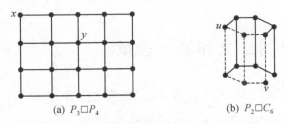

(a) $P_3 \square P_4$　　　　　　　(b) $P_2 \square C_6$

图 3 - 12　两个区间距离单调图的卡氏积

第4章　图的等距离嵌入

4.1　关系 θ 的定义和基本性质

关系 θ 是 Djoković 1973 年提出来的,但是这里给的定义是 1984 年 Winkler 给出的,我们称之为 Djoković-Winkler 关系.本节我们推导出其若干基本性质并用它刻画二部图的凸子图.图 G 的两条边 $e=ab$ 和 $f=xy$ 具有关系 θ 是指 $d(a,x)+d(b,y)\neq d(a,y)+d(b,x)$(见图 $4-1$).

图 4-1　关系 θ 的定义

若 e 和 f 在图 G 的不同分支中,则它们不具有 θ 关系.因为 $d(a,x)+d(b,y)=d(a,y)+d(b,x)=\infty$.关系 θ 是自反的和对称的,但是它不一定是传递的.我们记它的闭包为 θ^*,即包含 θ 的满足传递性的最小 θ 关系.若 $G=C_{2n}$ 是一个偶圈,则 θ^* 由所有的成对的对边构成.因此 θ^* 有 n 个等价类,且此时 $\theta=\theta^*$.另一方面,在奇圈 C_{2n+1} 中,每条边跟两条相对边具有 θ 关系.此时,θ^* 恰有一个等价类.

引理 4.1　图 G 中一条最短路上的任何两条边不具有 θ 关系.

证明:假设 e 和 f 是图 G 中一条最短路 P 上的两条边.假设 $P=u_0u_1\cdots u_m$,$e=u_iu_{i+1}$,$f=u_ju_{j+1}$,其中 $i<j$.则 $d(u_i,u_j)+d(u_{i+1},u_{j+1})=d(u_{i+1},u_j)+1+d(u_i,u_{j+1})-1=d(u_{i+1},u_j)+d(u_i,u_{j+1})$.　■

对于 n 个顶点的树,从引理 4.1,θ^* 具有 $n-1$ 个等价类,每个类中有一条边.引理 4.1 也说明了任何两条相邻的边具有关系 θ 当且仅当它们在一个三角形里.对二部图来说,这也就意味着相邻的边一定不具有关系 θ.

引理 4.2　假设 $e=ab$ 和 $f=xy$ 是二部图 G 的两条边,且 $e\theta f$,则我们可以选择顶点标号,使得

$$d(a,x)=d(b,y)=d(a,y)-1=d(b,x)-1$$

证明：显然，$d(a,x)\neq d(a,y)$，否则二部图 G 中含有一个奇圈. 因为 x 和 y 是相邻的，它们到其他顶点的距离最多相差 1. 假设开始标号满足 $d(a,y)=d(a,x)+1$. 同样的讨论知道，$d(b,x)\neq d(b,y)$. 若 $d(b,y)=d(b,x)+1$，则 $d(a,x)+d(b,y)=d(a,y)+d(b,x)$，与 $e\theta f$ 矛盾. 那么

$$d(b,y)=d(b,x)-1=d(b,a)+d(a,x)-1$$
$$=d(a,x)=d(a,y)-1$$
$$\leqslant d(a,b)+d(b,y)-1=d(b,y)$$

因此，公式中的所有等号均成立. ∎

对图 G 的顶点有序对 $p=(a,b)$ 和 $q=(x,y)$，令

$$\mu(p,q)=d(a,y)-d(a,x)-d(b,y)+d(b,x)$$

显然，当 p 或者 q 其中一个方向反转时，$\mu(p,q)$ 改变它的符号. 若两个方向都改变，则 $\mu(p,q)$ 保持符号不变. 因此，如果我们把 $e=ab$ 和 $f=xy$ 看作具有任意方向的两有序对，则 $e\theta f$ 当且仅当 $\mu(e,f)\neq 0$.

引理 4.3 假设一个途径 P 连接一条边 e 的两个端点但又不包含 e，则 P 包含一条边 f 满足 $e\theta f$. 若 f 是 P 中唯一与 e 具有这种关系的边，则它一定与 e 不关联.

证明：设 $P=u_0u_1\cdots u_m$ 是连接边 $e=u_0u_m$ 的一条路. 令 $e_i=u_{i-1}u_i$，$i=1,2,\cdots,m$. 考虑有序对 (u_0,u_m) 和 (u_{i-1},u_i)，令 $s=\sum\limits_{i=1}^{m}\mu(e,e_i)$. 根据 μ 的定义，$s=d(u_m,u_0)+d(u_0,u_m)=2$，这说明至少有一个 $\mu(e,e_i)$ 非零. 那么 $e\theta e_i$. 注意，当 e_i 与 e 关联时，$|\mu(e,e_i)|\leqslant 1$. 证毕. ∎

假设图 G 有一棵支撑树 T，则从引理 4.3 知，G 的每条边与 T 的某条边具有 θ 关系. 因此，θ^* 有至多 $|V(G)|-1$ 个等价类.

引理 4.4 假设 F 是 θ^* 的一个或多个等价类的并，P 是由 F 中的边构成的一条路. 那么连接 P 的两个端点的任意一条最短路，它的边仍然在 F 中.

证明：假设 Q 是这样一条路，不妨设 Q 除了端点外与 P 没有其他公共顶点. 由引理 4.1，Q 的任意两条边都不具有 θ 关系. 但是由引理 4.3，Q 的每条边一定和 P 的某条边具有 θ 关系. 因此 Q 的每条边仍然在 F 中. ∎

我们也可以用凸子图叙述引理 4.4 如下：

引理 4.5 假设 F 是 θ^* 的一个或多个等价类的并，H 是图 G 由 F 中的边诱导出来的子图. 则 H 的每个连通分支是凸的.

引理 8.12 用图 $4-2(a)$ 来说明一下.图 $4-2(a)$ 所示为图 G 及其四个 θ^* 等价类 E_1, E_2, E_3, E_4,每个 E_i 的代表元为 e_i.图 $4-2(b)$ 是图 $(V(G), E_1)$,图 $4-2(c)$ 是图 $(V(G), E_3)$,图 $4-2(d)$ 是图 $(V(G), E_1 \cup E_3)$.在每种情况下,所有的分支在图 G 中都是凸的.

对于二部图,我们可以得到一个更强的结果.假设 H 是图 G 的一个子图,定义 $\partial H = \{xy \in E(G) \mid x \in H, y \notin H\}$.

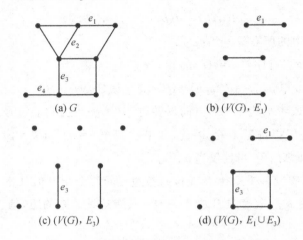

图 4-2　图 G 及其分支图 $(V(G), E_1 \cup E_3)$

引理 4.6 一个二部图 G 的诱导的连通子图 H 是凸的,当且仅当 ∂H 的每条边与 H 中的任意一条边都没有 θ 关系.

证明:假设 H 是一个凸子图,存在两条边 $uv = e \in E(H)$ 及 $xy = f \in E(\partial H)$,$e \theta f$.假设 $x \in H, y \notin V(H)$.由引理 5.10,f 在从 v 到 x 的一条最短路上,与 H 是凸子图矛盾.

假设 H 是图 G 的一个诱导的连通子图,∂H 的每条边与 H 中的任意一条边都没有 θ 关系.令 a, b 是 H 的两个顶点,P 是 G 中从 a 到 b 的一条最短路,Q 是 H 中从 a 到 b 的任意一条最短路.如果 P 不在 H 中,它一定包含 ∂H 中的一条边,假设它是 e.由引理 8.8,它与 P 上其他边都没有 θ 关系.然而,由引理 4.3,它一定与 $P \cup Q - e$ 的一条边有 θ 关系.因此,它与 $Q \subseteq H$ 中的一条边具有 θ 关系.与假设矛盾. ∎

4.2　图在卡式积图中的等距离嵌入

设 $G, H_1, \cdots, H_k$ 为图. 图 G 到卡式积 $\prod_{1 \leqslant i \leqslant k} H_i$ 的等距离嵌入称为无赘的, 如果每个因子 H_h 是至少两个顶点的连通图, 且如果每个因子 H_h 的每个顶点作为一个坐标在 G 的至少一个顶点的像中出现. 显然, 任何一个到卡式积的等距离嵌入可以通过去掉只有孤立点的因子以及去掉每个因子中没有用到的顶点使得其变成无赘的. 图 G 到卡式积图中的无赘等距离嵌入也称为图 G 的一个度量表示. 图 G 到卡式积的两个等距离嵌入称为是等价的, 如果存在从一个卡式积的因子到另一个卡式积的因子之间存在一个双射, 与相应的因子之间的同构, 其显然的图表满足交换性. 一个图 G 称为不可约的, 如果所有的它的度量表示与 G 到它自身的平凡嵌入是等价的.

不可约的图的例子: 完全图 $K_n (n \geqslant 2)$, 奇圈 $C_{2n+1} (n \geqslant 1)$, 半立方图 $\frac{1}{2} Q(n, 2)$, 鸡尾酒会图 $K_{n \times 2} (n \geqslant 3)$, 皮特森图 P_{10}, 高赛特图 (Gosset graph) G_{56}, Schläfli 图 G_{27} 等.

下面的定理是本节的主要结果, 参见 Graham 和 Winkler(1985), 也可参见 Winkler(1987) 和 Graham(1988). 用"$\hookrightarrow$"表示等距离嵌入.

定理 4.7　每个连通图 G 有唯一的度量表示

$$G \hookrightarrow \prod_{1 \leqslant h \leqslant k} G_h$$

其中每个因子 G_h 是不可约的. 它称为图 G 的经典度量表示.

进一步, $k = \dim_I(G)$, 且如果

$$G \hookrightarrow \prod_{1 \leqslant i \leqslant m} H_i$$

是 G 的另外一个度量表示, 则存在 $\{1, 2, \cdots, k\}$ 的一个剖分 $(S_1, S_2, \cdots, S_k)$ 和一个度量表示

$$H_i \hookrightarrow \prod_{h \in S_i} G_h$$

对 $i \in \{1, 2, \cdots, m\}$, 对此显然图表可交换.

定理 4.7 是图的度量理论中的一个基本的结果, 它在很多方面有很多应用, 我们将在后面给出若干应用. 构造图 G 的经典度量表示的最关键的工具是 Djoković-Winkler 关系 θ. 事实上, 经典度量表示中的因子对应 θ 的传递闭包 θ^* 的

等价类.

以下是我们关于计算这些因子的一些有用的结果:

1. 一个等距离奇圈上的任意两条边具有关系 θ.

2. 设 $C=(a_1,a_2,\cdots,a_{2m})$ 是 G 中的一个等距离偶圈. 称两条边 $e_i:=(a_i,a_{i+1})$ 和 $e_{m+i}:(a_{m+i},a_{m+i+1})$(其中脚标取模 2)在 C 上是相对的,如果 $d_G(a_i,a_{m+i})=d_G(a_{i+1},a_{m+i+1})=m$. 显然,如果 e_i 和 e_{m+i} 在 C 上是相对的,则 e_i 和 e_{m+i} 具有关系 θ.

Lomonosov 和 Sebö[86] 证明了"如果 G 是一个二部图,则两条边具有关系 θ,当且仅当它们是图 G 某个偶圈的两条相对边".

下面的引理是定理 4.7 的证明的关键.

引理 4.8 设 $E_1,E_2,\cdots,E_k$ 是 θ^* 的等价类. 给定 G 的两个顶点 a,b,设 P 是从 a 到 b 的一条最短路,Q 是 G 中另一条连接 a 到 b 的路. 则,对所有的 $h=1,\cdots,k$,有

$$|E(P)\bigcap E_h|\leqslant|E(Q)\bigcap E_h|$$

证明:令 $P=(x_0=a,x_1,\cdots,x_p=b)$. 对任意的 $h\in\{1,\cdots,k\}$ 和 G 的任意顶点 x,设

$$f_h(x)=\sum_{i\in\{1,\cdots,p\}\mid(x_{i-1},x_i)\in E_h}(d_G(x,x_i)-d_G(x,x_{i-1}))$$

因此

$$f_h(a)=|E(P)\bigcap E_h|,\ f_h(b)=-|E(P)\bigcap E_h|$$

设 (x,y) 是 G 的一条边. 如果 $(x,y)\notin E_h$,则 $f_h(x)=f_h(y)$.

事实上

$$
\begin{aligned}
f_h(x)-f_h(y)&=\sum_{i\mid(x_{i-1},x_i)\in E_h}(d_G(x,x_i)-d_G(y,x_i))-(d_G(x,x_{i-1})-d_G(y,x_{i-1}))\\
&=0
\end{aligned}
$$

这是因为边 (x,y) 与 E_h 中的任何一条边都没有 θ 关系.

另一方面

$$|f_h(x)-f_h(y)|\leqslant2,\qquad(x,y)\in E_h$$

由上面的讨论知道

$$
\begin{aligned}
|f_h(x)-f_h(y)|&=\Big|\sum_{1\leqslant j\leqslant k}(f_j(x)-f_j(y))\Big|\\
&=|(d_G(x,b)-d_G(x,a))-(d_G(y,b)-d_G(y,a))|\\
&\leqslant|d_G(x,b)-d_G(x,a)|+|d_G(y,b)-d_G(y,a)|\\
&\leqslant2
\end{aligned}
$$

因为 $f_h(a)=|E(P)\bigcap E_h|$，$f_h(b)=-|E(P)\bigcap E_h|$，当沿着路 Q 的顶点移动时，函数 $f_h(\bullet)$ 绝对值 $2|E(P)\bigcap E_h|$ 发生改变. 但是在 $E\backslash E_h$ 的一条边上，函数 $f_h(\bullet)$ 保持不变，在 E_h 的一条边上，$f_h(\bullet)$ 至多增加 2. 这意味着，路 Q 一定至少包含 E_h 中的 $|E(P)\bigcap E_h|$ 条边. ■

定理 4.7 的证明：

如引理 4.8 中所设，用 $E_1,\cdots,E_k$ 表示传递闭包 θ^* 的等价类. 对每个 $h=1,\cdots,k$，令 G_h 表示从 G 通过收缩 $E\backslash E_h$ 的边收缩得到的. 换句话说，为了构造 G_h，将 G 的两个顶点认为是等同的，如果他们被一条由不在 E_h 中的边构成的路连着. 这就定义了从 $V(G)$ 到 $V(G_h)$ 的满射 σ_h 和一个映射

$$\sigma:V(G)\rightarrow \prod_{1\leqslant h\leqslant k}V(G_h)$$

对图 G 的每个顶点 v

$$\sigma(v):=(\sigma_1(v),\cdots,\sigma_k(v))$$

下面证明映射 σ 提供了我们需要的图 G 的度量表示. 我们将检验 σ 是一个无赘的等距离嵌入，以及每个因子 G_h 是不可约的. 取 G 的两个顶点 a,b，和 G 中从 a 到 b 的一条最短路 P. 我们证明

$$d_G(a,b)=\sum_{1\leqslant h\leqslant k}d_{G_h}(\sigma_h(a),\sigma_h(b))$$

事实上，对每个 h，$d_{G_h}(\sigma_h(a),\sigma_h(b))$ 是 $|E(Q)\bigcap E_h|$ 的最小值，其中 Q 取遍所有连接 a 到 b 的所有的路. 因此，利用引理 4.8，$d_{G_h}(\sigma_h(a),\sigma_h(b))=|E(P)\bigcap E_h|$. 因此，

$$\sum_{1\leqslant h\leqslant k}d_{G_h}(\sigma(a),\sigma(b))=\sum_{1\leqslant h\leqslant k}|E(p)\bigcap E_h|=|E(P)|=d_G(a,b)$$

这说明 σ 是 G 到 $\prod_{h=1}^{k}G_h$ 的一个等距离嵌入. 进一步，再次利用引理 4.8，E_h 中的一条边的两个端点正在构造 G_h 时是不相同的. 因此，每个因子 G_h 至少有两个顶点. 因此，嵌入 σ 是无赘的，因为映射 σ_h 是个满射.

现在考虑 G 的另一个度量表示

$$G\hookrightarrow \prod_{1\leqslant j\leqslant m}H_j$$

且记 $(x_1,\cdots,x_m)$ 为 G 的顶点 x 的像. 如果 $e=(x,y)$ 是 G 的对应第 j 个因子 H_j 的一条边，即 $(x_j,y_j)\in E(H_j)$，$x_i=y_i$，$i\in\{1,2,\cdots,m\}\backslash\{j\}$. 则每条跟 e 有 θ 关系的边 f 也是 H_j 的边. 因此，每个因子 H_j 恰好"包含" $\bigcup_{j\in J}E_i$，其中 J 是某个非空指标子集. 特别地，$m\leqslant k$ 成立. 这意味着每个因子 G_h 是不可约的（否则，G 有另一

个超过 k 个因子的度量表示). 故 $G \hookrightarrow G_1 \times \cdots \times G_k$ 是 G 的一个经典度量表示. 证毕. ■

推理 4.9 设 G 是连通图.

(1) G 是不可约的, 当且仅当 $\dim_l(G) = 1$.

(2) 如果 G 有 n 个顶点, 则 $\dim_l(G) \leqslant n-1$, 等号成立当且仅当 G 是一棵树.

(3) G 等距离嵌入到 $(K_3)^m, m \geqslant 1$ 当且仅当关系 θ 是传递的.

(4) G 等距离嵌入到 $(K_2)^m, m \geqslant 1$ 当且仅当 G 是二部的且 θ 是传递的.

证明:(1) 可直接从定理 4.1 得到.

(2) 令 $k := \dim_l(G)$, T 是 G 的一棵支撑树. 我们断言 T 每个等价类包含 E_h 中的至少一条边. 事实上, 若 e 是 $E \backslash E(T)$ 的一条边, 属于一个类 E_h 中, 则由引理 4.8, T 一定包含 E_h 中的至少一条边. 因此 $n-1 = |E(T)| \geqslant k$. 如果存在两条边 $e, f \in E, e\theta f$. 令 T 是一棵包含 e 和 f 的支撑树, 则 $k \leqslant n-2$ 成立. 这说明只有当 G 是一棵树的时候, 等式 $k = n-1$ 才成立.

(3) G 等距离嵌入到 $(K_3)^m$ 当且仅当 G 的经典度量表示中的每个因子 G_h 是 K_2 或 K_3. 另一方面, G_h 是 K_2 或 K_3 当且仅当 E_h 由所有的被 V 的划分 $W_{ab} \bigcup W_{ba} \bigcup W_{=}(ab)$ 割开的边构成. 其中 $(a,b) \in E_h$, θ 是传递的.

(4) 断言 (4) 可直接从 (3) 得到, 因为当 G 是二部图时, 对每条边 (a,b), $G_{=}(a,b) = \varnothing$. ■

Lomonosov 和 Sebö[86] 给出了下面的结果.

命题 4.10 如果 G 是一个二部图, 则 G 的经典表示中所有的因子 $G_1, \cdots, G_k$ 都是二部的.

证明: 反证法. 假设有一个因子 G_h 不是二部的, 则 G 存在一个圈 C 使得 $|E(c) \bigcap E_h|$ 是奇的. 选择这样的一个最短的圈 C. 因为 G 是二部的, C 的长度是偶数, 设 $C = (a_1, a_2, \cdots, a_{2m})$. 考虑 C 的一对对径点 (a_i, a_{m+i})(其中脚标 i 是模 m 的), 如果 $d_G(a_i, a_{m+i}) = d_G(a_{i+1}, a_{m+i+1}) = m$, 则 $d_G(a_{m+i}, a_{i+1}) - d_G(a_{m+i}, a_i) = -1, d_G(a_{m+i+1}, a_{i+1}) - d_G(a_{m+i+1}, a_i) = 1$, 这说明边 (a_i, a_{i+1}) 与边 (a_{m+i}, a_{m+i+1}) 具有关系 θ. 因此存在一对 (a_i, a_{m+i}) 使得 $d_G(a_i, a_{m+i}) < m$(否则, C 的任何两条相对边都有关系 θ, 则 $|E(C) \bigcap E_h|$ 是偶的). 令 P 表示 G 中从 a_i 到 a_{m+i} 的一条最短路. 假设只有 P 的两个端点在 C 上, 则 P 的两个端点把 C 分成两条路, 跟 P 一起形成了两个圈 C_1 和 C_2. 因为 C_1 和 C_2 都比 C 短, 因此 $|E(C_1) \bigcap E_h|$ 和 $|E(C_2) \bigcap E_h|$ 都是偶数. 这说明 $E(C) \bigcap E_h$ 是偶数, 矛盾. 如果 P 和 C 不止相交于端点, 证

明类似.

例　设 G 是图 4-3 中的图. 关系 θ^* 有四个等价类:

$$E_1=\{12,13,23,45,46,56\}, \qquad E_2=\{17,48\}$$
$$E_3=\{39,510\}, \qquad E_4=\{14,35,78,910\}$$

其中我们把边 (i,j) 记成字符串 ij. $E_1,\cdots,E_4$ 中的边我们分别用不同的画法来记. 因此, $G\hookrightarrow G_1\times G_2\times G_3\times G_4$ 是图 G 的一个经典度量表示, 其中 G_1,G_2,G_3,G_4 如图 4-4 中所示.

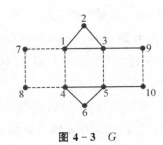

图 4-3　G

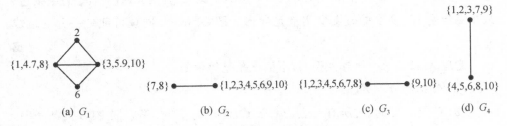

图 4-4　G 的经典度量表示的因子

4.3　部分立方图的刻画

本节我们给出几个部分立方图的刻画 1. 所谓部分立方图 (partial cube) 是指能够等距离嵌入到超立方图中的图. 我们已经知道对任意一个二部图 G, 即使每个区间都是凸的, 也不能保证 G 是部分立方图.

设 ab 是图 G 的一条边, 用 W_{ab} 表示图 G 中到 a 比到 b 距离更近的点的集合, 即

$$W_{ab}=\{w\mid w\in V(G), \qquad d_G(w,a)<d_G(w,b)\}$$

如果图 G 是二部的, 则 W_{ab} 和 W_{ba} 正好是 $V(G)$ 的完全剖分, 即

$$V(G)=W_{ab}\bigcup W_{ba}, \qquad W_{ab}\bigcap W_{ba}=\varnothing$$

命题 4.11 设 $e=ab$ 是连通二部图 G 的一条边,

$$F_{ab}=\{f\,|\,f\in E(G),e\theta f\}$$

则 $G-F_{ab}$ 恰有两个连通分支 $G[W_{ab}]$ 和 $G[W_{ba}]$. 进一步,若 $w\in W_{ab}$,则每一条最短的 a,w - 路完全包含在 W_{ab} 中.

证明: 由引理 4.3,顶点 a 和 b 属于 $G-F_{ab}$ 的不同连通分支. 下面我们证明 $G-F_{ab}$ 恰有两个连通分支.

在 W_{ab} 中任取一个顶点 w,假设 P 是 G 中一条最短的 b,w - 路. 因为 $w\in W_{ab}$,G 是二部的,所以 $ba\cup P$ 是一条最短的 b,w - 路. 由引理 4.1 可以推出 P 上的边都和 ab 没有 θ 关系. 因此 P 属于 $G-F_{ab}$,w 在 $G-F_{ab}$ 的包含顶点 a 的分支中. 因为 w 是任意的,这个分支包含 W_{ab} 的所有顶点. 同理,W_{ba} 的所有顶点属于 $G-F_{ab}$ 的包含顶点 b 的分支中.

最后,我们必须证明这些分支是导出子图. 假设 G 的一条边 wx 的两个端点都在 W_{ab} 中. 由图 G 的二部性,它是起点在 a 的某条最短路 P 的一条终边. 如前所述,$ba\cup P$ 是一条最短路. 因此,ab 和 wx 没有 θ 关系. 则 wx 是 $G-F_{ab}$ 的一条边. 故顶点集合 W_{ab} 所在的分支事实就是导出子图 $G[W_{ab}]$. 同理可证另一分支也成立. ■

定理 4.12 对一个连通图 G,下面三条是等价的:

(1) G 是部分立方图.

(2) G 是二部的,对所有的边 $ab\in E(G)$,$G[W_{ab}]$ 和 $G[W_{ba}]$ 是图 G 的凸子图.

(3) G 是二部的且 $\theta=\theta^*$.

证明: (1)$\Rightarrow$(2). 设 G 是部分立方图,φ 是 G 到某个超立方图的等距离嵌入. 显然,G 是二部的. 任选 G 的一条边 ab,不妨设 $\varphi(a)$ 的第一个坐标是 0,$\varphi(b)$ 的第一个坐标是 1. 那么,对 W_{ab} 中的任何一个顶点 w,$\varphi(w)$ 的第一个坐标一定是 0. 因此,W_{ab} 中的两个顶点之间的任意一条最短路都完全落在 W_{ab} 中. 因此 W_{ab} 导出图 G 的一个凸子图. 显然对 W_{ba} 也是如此.

(2)$\Rightarrow$(3). 假设 $uv\theta ab$,$ab\theta xy$. 我们只要证明 $uv\theta xy$ 就够了. 由命题 4.11,我们假设 $u,x\in W_{ab}$,$v,y\in W_{ba}$. 因为 G 是二部的,$d(u,x)\neq d(u,y)$. 又 W_{ab} 是凸的,所以 $d(u,x)=d(u,y)-1$. 同理对 W_{ba},$d(v,y)=d(v,x)-1$,则 $d(u,x)+d(v,y)\neq d(u,y)+d(v,x)$. 故 $uv\theta xy$.

(3)$\Rightarrow$(1). 设 G 是二部的且 $\theta=\theta^*$. 令 $e_1=x_1y_1$,$e_2=x_2y_2$,$\cdots$,$e_k=x_ky_k$ 是 θ^* 的等价类的代表元. 定义映射 $\varphi:V(G)\rightarrow V(Q_k)$ 如下:对 $v\in V(G)$,如果 $v\in W_{x_iy_i}$,

则 $\varphi(v)$ 的第 i 个坐标取为 0;如果 $v \in W_{y_i x_i}$,则第 i 个坐标取为 1.下面证明 φ 是一个等距离嵌入.

设 $uv \in E(G)$,且 uv 属于边 e_i 的等价类.由命题 4.11,$\varphi(u)$ 和 $\varphi(v)$ 的第 i 个坐标不同.进而,如果 $j \neq i$,则 uv 和 $x_j y_j$ 没有 θ 关系.因此,再由命题 4.11,u 和 v 一定都在 $W_{x_j y_j}$ 或者都在 $W_{y_j x_j}$ 中.那么,$\varphi(u)$ 和 $\varphi(v)$ 的第 j 个坐标相同.因此 φ 将边映射到边.

进一步,若 P 是一条最短的 u, v - 路,则由引理 4.1,$\varphi(u)$ 和 $\varphi(v)$ 恰好有 $|P|$ 个不同的坐标.这恰好就是 G 中 u, v 之间的距离 $d_G(u, v)$. ■

这里(2)的刻画是 1973 年 Djoković 教授给出来的[54],而(3)是 1984 年 Winkler 教授给出来的[117].

下面给出一个 David Avis 教授 1981 年用五边形不等式给出的部分立方图的等价刻画.

图 4 - 5 中所示五个顶点 x, y, a, b, c 分成两组:a, b, c 为一组,x, y 为另一组.细线表示两组之间的顶点之间的距离,粗线表示组员内部之间的距离.

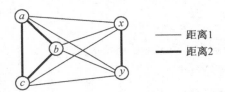

图 4 - 5 5 点之间的距离示意图

定理 4.13 设 G 是一个连通二部图.G 是部分立方图当且仅当 d_G 满足五边形不等式:对 G 的任意五个顶点 x, y, a, b 和 c,

$$d(x, y) + (d(a, b) + d(a, c) + d(b, c))$$
$$\leqslant (d(x, a) + d(x, b) + d(x, c)) + (d(y, a) + d(y, b) + d(y, c))$$

证明:充分性:假设 G 不是部分立方图,则由定理 4.12(2),存在相邻的两个顶点 a, b 使得 W_{ab} 不是凸的.因此存在顶点 $u, v \in W_{ab}$,

$$d_G(u, w) + d_G(w, v) = d_G(u, v)$$

我们得 $u \neq a$,否则

$$d_G(a, v) = d_G(a, w) + d_G(w, v) = 1 + d_G(b, w) + d_G(w, v) \geqslant 1 + d_G(b, v)$$

因此,$v \notin W_{ab}$,矛盾.同理,$v \neq a$.另外,$w \neq b$,否则

$$d_G(u, v) = d_G(u, b) + d_G(b, v) > d_G(u, a) + d_G(a, v)$$

与三角形不等式相矛盾.我们一定有图 4 - 6 中的位置关系:

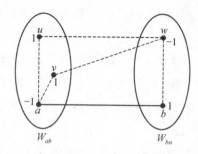

图 4 − 6　位置示意图

令

$$c_i = \begin{cases} 1, & \text{若 } i = u, b, v \\ -1, & \text{若 } i = a, w \\ 0, & \text{其他} \end{cases}$$

注意到 $d_G(u, b) = 1 + d_G(u, a)$，$u \in W_{ab}$. 类似地，我们有

$$\sum c_i c_j d_G(i, j) = [3 + d_G(u, a) + d_G(v, a) + d_G(b, w)] -$$
$$[1 - d_G(u, a) + d_G(v, a) + d_G(b, w)]$$
$$= 2 > 0$$

因此 d_G 违反了五边形不等式，与前提矛盾.

必要性作为练习留给读者.

例　所有的路都是部分立方图.

例　偶圈是部分立方图.

例　树是部分立方图.

4.4　median 图

4.4.1　多重 median 图

常见的 median 图有树、方格子图等. Mulder 教授对 median 图进行了广泛而深入的研究，并且出版了一本专著[90]. Median 图作为树和超立方图的推广，由于其特殊的结构和性质，引起了人们的广泛关注和研究[23,24,80,93,94]. 针对 median 图的研究已经有半个多世纪了，1947 年 Birkhoff 和 Kiss 在文献[20]中就提到过，Avann 1961 年对 median 图做了一些开创性的工作[7]. 但是，首次称这样的图为"median 图"的是 Nebesk'y[96]. 关于 median 图的综述可参见文献[73]、[79]和

[90].著名数学家 Chung,Graham 和 Saks 指出"median 图自然地产生于有序集和离散分配格的研究中,并诞生了影响深远的众多文献"("median graphs arise naturally in the study of ordered sets and discrete distributive lattices,and have an extensive literature")[36].

仿照 median 图的结构特性,数学家们定义了许多新的图类,并研究它们的结构和性质. 如 quasi-median 图[90]、semi-median 图[72]、almost median 图[72]、weakly median 图[11]等. 如果图 G 中任意三个顶点至少有一个 median 的图是怎样的结构呢? 又具备什么样的性质呢? 为此,在 median 图的基础上,我们给出一类新图的定义:一个连通图 G 称为多重 median 图,如果 G 中任意三个顶点都至少有一个 median. 显然,任意一个 median 图都是多重 median 图,反之不然. 例如完全二部图 $K_{2,3}$ 是多重 median 图,但它不是 median 图,所以 median 图是多重 median 图的一个真子类. 本书中我们将研究多重 median 图的包括二部性在内的若干基本性质.

定义 4.14　设有图 $G=(V,E)$ 和 $u,v,w \in V(G)$.图 G 的顶点 z 称为 u,v 和 w 的一个 median,如果它同时位于一条最短的 $u-v$ 路、一条最短的 $u-w$ 路、和一条最短的 $v-w$ 路上.

定义 4.15　图 G 中以顶点 u 和 v 为端点的区间定义为所有位于 $u-v$ 最短路上的顶点构成的集合,记为 $I_G(u,v)$,即 $I_G(u,v)=\{w \in V(G) \mid d_G(u,w)+d_G(w,v)=d_G(u,v)\}$,简记为 $I(u,v)$. 这样,u,v 和 w 的所有 median 就是集合 $I(u,v) \bigcap I(u,w) \bigcap I(v,w)$ 中的顶点.

定义 4.16[123]　图 G 称为多重 median 图,如果对图 G 的任意三个顶点 u,v 和 w,它们都至少有一个 median,也就是 $|I(u,v) \bigcap I(u,w) \bigcap I(v,w)| \geqslant 1$.

显然任意一个 median 图都是多重 median 图,但反之不成立. 例如完全二部图 $K_{m,n}$(其中 $m,n \geqslant 2$ 且 $m+n \geqslant 5$)是一个多重 median 图,但不是 median 图.

引理 4.17　假设 G 是一个图,$u_1,u_2,u_3 \in V(G)$,如果 z 是 u_1,u_2,u_3 的一个 median,则

$$d(u_i,z)=\frac{1}{2}(d(u_i,u_j)+d(u_j,u_k)-d(u_i,u_k))$$

其中 $\{i,j,k\}=\{1,2,3\}$.

命题 4.18　每个多重 median 图都是二部图.

证明:用反证法.设 G 是个多重 median 图,假设 G 不是二部图.令 $C=v_1 v_2 \cdots v_{2k+1} v_1$ 是 G 中一个最短的奇圈.由引理 1.10,C 在 G 中是等距离的.考虑顶点

v_1, v_{k+1} 和 v_{k+2}，则 $d_G(v_1, v_{k+1}) = d_G(v_1, v_{k+2}) = k$. 设 z 是它们的一个 median，由引理 4.17，有

$$d_G(v_1, z) = \frac{1}{2}(d(v_1, v_{k+1}) + d(v_1, v_{k+2}) - d(v_{k+1}, v_{k+2})) = \frac{2k-1}{2}$$

这肯定不是一个整数，而距离不可能不是整数，矛盾. 因此 G 是二部的. ■

定义 4.19 从图 $G = (V, E)$ 到图 $G' = (V', E')$ 的同态，是指映射 $f: V \to V'$，满足若 $uv \in E$，则 $f(u)f(v) \in E'$.

定义 4.20 图 G 的收缩 φ 是指从 G 到它自身的一个同态，满足对 G 所有的顶点 u，$\varphi^2(u) = \varphi(u)$.

我们把图 G 在 φ 作用下的同态像 H 也称为 G 的一个收缩图.

引理 4.21[73] 图 G 的收缩图 H 是 G 的等距离子图.

命题 4.22 多重 median 图的收缩图仍是多重 median 图.

证明：假设 G 是个多重 median 图，H 是 G 的收缩图. 下证 H 是个多重 median 图. 由引理 4.21，H 是 G 的等距离子图. 因此对 H 的任意三个顶点 u, v 和 w，它们在 H 中的 median 都是它们在 G 中的 median.

设 z 是顶点 u, v, w 在 G 中的一个 median，P, Q, R 分别是 G 中最短的 $u - v$ 路，$u - w$ 路，$v - w$ 路. 设从 G 到 H 的收缩为 φ，则 $\varphi P, \varphi Q, \varphi R$ 连接 H 中的顶点，因为 H 是等距离的，进而 $\varphi P, \varphi Q, \varphi R$ 分别是 H 中的 $u - v, u - w, v - w$ 最短路. 因此 φz 是 H 中 u, v, w 三个顶点的一个 median. 这样，对于 H 的任意三个顶点至少有一个 median. 因此，H 是个多重 median 图. 证毕. ■

定义 4.23 设图 $G_1 = (V_1, E_1)$ 和 $G_2 = (V_2, E_2)$，定义 G_1 和 G_2 的积图，记作 $G_1 \times G_2$，如下

$$V(G_1 \times G_2) = V_1 \times V_2$$

顶点 (u_1, u_2) 和顶点 (v_1, v_2) 相邻当且仅当 $u_1 = v_1$ 且 $u_2 v_2 \in E_2$，或者 $u_1 v_1 \in E_1$ 且 $u_2 = v_2$.

有两个自然的映射，称之为投影：一是从 $V(G_1 \times G_2)$ 到 V_1 的映射 $p_1: (u, v) \to u$；二是 $V(G_1 \times G_2)$ 到 V_2 的映射 $p_2: (u, v) \to v$.

引理 4.24 设 (u, v) 和 (x, y) 是 $G_1 \times G_2$ 的两个顶点，则

$$d_{G_1 \times G_2}((u, v), (x, y)) = d_{G_1}(u, x) + d_{G_2}(v, y)$$

进一步，如果 Q 是一条连接 (u, v) 和 (x, y) 的最短路，则 $p_1 Q$ 是 G_1 中连接 u 和 x 的最短路，$p_2 Q$ 是 G_2 中连接 v 和 y 的最短路.

命题 4.25　多重 median 图的积图仍是多重 median 图.

证明：假设 $G_1 \times G_2$ 是两个多重 median 图 G_1 和 G_2 的积图，u,v 和 w 是 $G_1 \times G_2$ 的三个顶点. 假定 z 是积图 $G_1 \times G_2$ 中 u,v 和 w 的一个 median.

先考察 z 的特性. 假设 P,Q 和 R 分别是 $G_1 \times G_2$ 中过 z 连接 u 和 v，u 和 w 以及 v 和 w 的三条最短路. 由引理 4.24，$p_i z$ 是 G_i 中 $p_i u$，$p_i v$ 和 $p_i w$ 的 median，其中 $i \in \{1,2\}$.

下面证明对任意的三个顶点 $u,v,w \in V(G_1 \times G_2)$，存在一个这样的 median.

因为 G_1 和 G_2 都是多重 median 图，故假设 z_i 是 G_i 中 $p_i u$，$p_i v$ 和 $p_i w$ 的一个 median z，其中 $i \in \{1,2\}$. 显然，

$$d_{G_1}(p_1 u, z_1) + d_{G_1}(z_1, p_1 v) = d_{G_1}(p_1 u, p_1 v) \tag{4.1}$$

$$d_{G_2}(p_2 u, z_2) + d_{G_2}(z_2, p_2 v) = d_{G_2}(p_2 u, p_2 v) \tag{4.2}$$

将式(4.1)和(4.2)相加，可得

$$d_{G_1}(p_1 u, z_1) + d_{G_1}(z_1, p_1 v) + d_{G_2}(p_2 u, z_2) + d_{G_2}(z_2, p_2 v)$$
$$= d_{G_1}(p_1 u, p_1 v) + d_{G_2}(p_2 u, p_2 v) \tag{4.3}$$

由引理 4.24，得

式(4.3)左边 $= [d_{G_1}(p_1 u, z_1) + d_{G_1}(z_1, p_1 v)] + [d_{G_2}(p_2 u, z_2) + d_{G_2}(z_2, p_2 v)]$
$= [d_{G_1}(p_1 u, z_1) + d_{G_2}(p_2 u, z_2)] + [d_{G_1}(z_1, p_1 v) + d_{G_2}(z_2, p_2 v)]$
$= d_{G_1 \times G_2}((p_1 u, p_2 u), (z_1, z_2)) + d_{G_1 \times G_2}((z_1, z_2), (p_1 v, p_2 v))$
$= d_{G_1 \times G_2}(u, z) + d_{G_1 \times G_2}(z, v)$

式(4.3)右边 $= d_{G_1}(p_1 u, p_1 v) + d_{G_2}(p_2 u, p_2 v)$
$= d_{G_1 \times G_2}((p_1 u, p_2 u), (p_1 v, p_2 v))$
$= d_{G_1 \times G_2}(u, v)$

于是

$$d_{G_1 \times G_2}(u, z) + d_{G_1 \times G_2}(z, v) = d_{G_1 \times G_2}(u, v)$$

则 z 落在 $G_1 \times G_2$ 中一条最短的 $u-v$ 路上. 同理，z 落在 $G_1 \times G_2$ 中最短的 $v-w$ 路和最短的 $u-w$ 路上. 因此，对 $G_1 \times G_2$ 中的 u,v 和 w，至少存在一个 median $z = (z_1, z_2)$. 故结论成立. ∎

4.4.2 median 图

设 G 是一个连通图, $e=ab$ 是图 G 的一条边. 定义

$$W_{ab}=\{w\mid w\in V(G),d(w,a)<d(w,b)\}$$
$$W_{ba}=\{w\mid d(w,b)<d(w,a)\}$$
$$F_{ab}=\{f\mid f\in E(G),e\theta f\}$$

我们定义另外两个集合如下:

$$U_{ab}=\{u\mid u\in W_{ab},u \text{ 与 } W_{ba} \text{ 中的某个顶点相邻}\}$$
$$U_{ba}=\{u\mid u\in W_{ba},u \text{ 与 } W_{ab} \text{ 中的某个顶点相邻}\}$$

由命题 4.11, 在二部图中 $F_{ab}=\{uv\mid u\in W_{ab},v\in W_{ba}\}$.

定义 4.26 图 G 称为 median 图, 如果对图 G 的任意三个顶点 u,v,w, 它们都恰有一个 median, 也就是 $|I(u,v)\cap I(u,w)\cap I(v,w)|=1$.

median 图中的顶点集合 W_{ab}, W_{ba}, F_{ab}, U_{ab}, U_{ba} 如图 4-7 所示.

引理 4.27 设 G 是一个 median 图, $ab\in E(G)$. 则 F_{ab} 是一个匹配, 且导出一个 $G[U_{ab}]$ 与 $G[U_{ba}]$ 之间的一个同构.

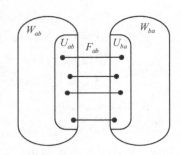

图 4-7 median 图中的基本集合

证明: 假设 F_{ab} 不是一个匹配. 则存在相邻的两条边 $e\neq f$, 它们都与 ab 有 θ 关系. 不妨设 $e=uv$, $f=uw$, $u\in U_{ab}$, $v,w\in U_{ba}$. 因为 G 是二部的, 它没有三角形, 所以 $vw\notin E(G)$ 且 $d(v,w)=2$.

由命题 4.11, 从 b 到 W_{ba} 中的顶点的最短路都在 W_{ba} 中. 因此, b,v,w 的 median c 也在 W_{ba} 中. 显然, 它也是 a,v 和 w 的 median. 因为 $u\neq c$, 因此它一定不可能是 u.

为了证明 F_{ab} 是一个同构, 设 $uv,xy\in F_{ab}$, 其中 $u,x\in U_{ab}$, $v,y\in U_{ba}$, $ux\in E(G)$, 但是 $vy\notin E(G)$. 令 c 是 b,v 和 y 的 median, 它一定在 W_{ba} 中, 也是 a,v 和 y 的 median. 容易得到 a,u 和 x 的 median d 一定是 u 或者 x, 设为 u. 进一步, 因为 v 与 y 不相邻, vu,ux,xy 是同一条长度为 3 的路, 它一定是最短路. 因此, d 也是 a,v 和 y 的 median. 根据命题 4.11, 这是不可能的. ∎

引理 4.28 设 G 是一个 median 图, $ab\in E(G)$. 则从 a 到 $u\in U_{ab}$ 的每条最短路都完全落在 U_{ab} 中.

证明：设 P 是一条从 a 到 u 的最短路，它不完全落在 U_{ab} 中. 利用命题 4.2，P 完全落在 W_{ab} 中. 假设 w 是不在 U_{ab} 中离 u 最近的顶点. 不妨设 u 与 w 相邻. 令 v 是 u 在 U_{ba} 中的邻点. 显然，$d(b,w)=d(a,u)=d(b,v)$，且 $d(w,v)=2$. 因此，b,v 和 w 的 median c 一定在从 b 到 v 的一条最短路上，且与 w 和 v 都相邻. 再利用命题 4.11，顶点 c 一定落在 W_{ba} 中，但是 w 与 W_{ba} 中的任何顶点都不相邻. ■

引理 4.29　设 G 是一个 median 图，$ab\in E(G)$. 则 U_{ab} 和 U_{ba} 是图 G 的等距离子图.

证明：设 $u,w\in U_{ab}$. 考虑 a,u 和 w 的 median c，它一定落在从 a 到 u 的最短路 P 上以及从 a 到 w 的最短路 Q 上. 利用引理 4.28，它一定在 U_{ab} 中. 另一方面，从 u 到 c 的 P 的部分，和从 c 到 w 的 Q 的一部分一起构成了从 u 到 w 的一条最短路. 显然，它落在 U_{ab} 中.

定理 4.30　Median 图都是部分立方图.

证明：从前面的引理，对于 median 图，我们可以推出 $\theta=\theta^*$. 由定理 4.12，结论成立. ■

但是部分立方图并不一定是 median 图，例如 Q_3^-，三维立方图删掉一个顶点（见图 4-8），它是一个部分立方，但不是 median 图. 另外一个例子就是偶圈 $C_{2k}(k\geqslant 3)$.

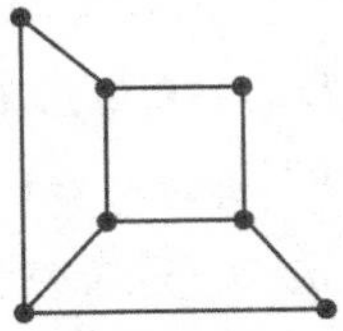

下面我们证明一个关于 median 图的刻画的结论，它是 Mulder 教授 1978—1980 年得出的，习惯称之为 Mulder 的凸扩张引理. 我们先看一个引理：

图 4-8　Q_3^-

引理 4.31　设 G 是一个 median 图，$ab\in E(G)$. 则 $G[W_{ab}]$ 是一个 median 图且 $G[U_{ab}]$ 是 $G[W_{ab}]$ 的一个凸子图.

证明：关于第一个论断，我们必须证明 W_{ab} 中的任意三个顶点的 median 仍然在 W_{ab} 中. 这是正确的，因为 $G[W_{ab}]$ 中的两个顶点 u 和 w 之间的任意一条最短路仍然在 $G[W_{ab}]$ 中，如若不然，令 P 表示一条从 u 到 w 的最短路，而它与 W_{ba} 相交. 那么这条路一定包含 F_{ab} 中的两条边，根据引理 4.1，这是不可能的.

假设 $G[U_{ab}]$ 不是凸的，由引理 4.6，存在 $G[W_{ab}]$ 中的一条边 $f=xy$，其中 $x\in G[U_{ab}]$，$y\notin G[U_{ab}]$，它与 $G[U_{ab}]$ 中的一条边（设为 $g=uv$）具有 θ 关系. 由引理 5.10，我们假设 $d(x,u)=d(y,v)$. 设 v' 和 x' 分别是 v 和 x 在 $G[U_{ab}]$ 中的邻点. 显然，$d(v,x)=d(v',x')$ 且 $d(x',y)=2$. 如引理 4.28 所证方法，我们可得 v',x' 和 y 没有 median. ■

定理 4.32 设 ab 是一个连通二部图 G 的一条边,则 G 是 median 图,当且仅当下面三个条件满足:

(1) F_{ab} 是定义在 $G[U_{ab}]$ 和 $G[U_{ba}]$ 之间的一个匹配;

(2) $G[U_{ab}]$ 是 $G[W_{ab}]$ 的一个凸子图且 $G[U_{ba}]$ 是 $G[W_{ba}]$ 的一个凸子图;

(3) $G[W_{ab}]$ 和 $G[W_{ba}]$ 是 median 图.

证明: 根据引理 4.27 和 4.31,必要性是显然的.

下面证明充分性.假设(1)~(3)成立,我们证明对任意三个顶点 v_1, v_2, v,它们有唯一的一个 median.如果 v_1, v_2 和 v 都属于 W_{ab} 或者 W_{ba},结论显然.不妨设 $v_1, v_2 \in W_{ba}, v \in W_{ab}$.设 u 是 U_{ab} 中的一个顶点,使得 $d(v, U_{ab}) = d(v, u), uu'$ 是一条匹配边,其中 $u' \in U_{ba}$.

注意到 v_1, v_2 和 v 的任何一个 median,只要存在,它一定在 W_{ba} 中.因此,为了寻找 median,一旦 v_1 或 v_2 到 v 的路离开 W_{ba},我们将它们彼此交换.我们只需证明它们可以交换使得它们都包含 u'.因为此时 v, v_1 和 v_2 的 median 也是 u', v_1 和 v_2 的 median,故这个 median 是存在的且唯一.

假设 P 是一条从 v_1 到 v 的最短路.它一定包含一条匹配边,设为 $w'w, w' \in U_{ba}, w \in U_{ab}$.通过交换 P 从 w 到 v 的一段,我们可以假设它包含门点 u.这样,P 的从 w 到 u 的一段 Q 在 U_{ba} 中有从 w' 到 u' 的同构的一段 Q'.我们把 $w'w + Q$ 换成 $Q' + u'u$,就得到一条从 v_1 到 v 的新路 R.路 R 是从 v_1 到 v 的最短路,包含 u',与 P 上从 v_1 到 w' 的一段是等同的. ∎

假设 $G = (V, E)$ 是一个图,G_1, G_2 是 G 的两个导出子图.称 G_1, G_2 是 G 的一个真覆盖(proper cover),若 $V(G_1) \bigcup V(G_2) = V(G), V(G_1) \bigcap V(G_2) = V(G_0) \neq \varnothing$,并且 $V(G_1) \backslash V(G_0)$ 与 $V(G_2) \backslash V(G_0)$ 中的顶点没有边相连.

图 G 的关于 G_1 和 G_2 的扩张是指从图 G 构造如下的图 G'(见图 4-9):

(1) 将 $V(G_0)$ 中的顶点 v 换成一对相连边的顶点 v_1 和 v_2;

(2) 点 v_1 与 v 在 $V(G_1) \backslash V(G_0)$ 中的邻点都连边,点 v_2 与 v 在 $V(G_2) \backslash V(G_0)$ 中的邻点都连边;

(3) 如果 $u, v \in V(G_0)$ 且 $uv \in E(G)$,则 u_1 与 v_1 连边,u_2 与 v_2 连边.

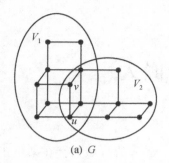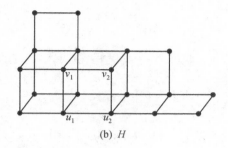

(a) G　　　　　　　　　　　(b) H

图 4-9　图 H 是图 G 的扩张

若 G_1 和 G_2 都是 G 的凸子图,则称 G' 是 G 的凸扩张(convex expansion).

定理 4.32 可以重新叙述为下面的形式:

定理 4.33[90]〔Mulder's 凸扩张定理〕　图 G 是 median 图,当且仅当 G 可以从一个顶点出发经过一系列的凸扩张得到.

下面的问题将是我们进一步努力的方向.

对多重 median 图是否存在这样的扩张的结构性质呢?

第5章　l_1 - 嵌入

一个图 $G = (V, E)$ 称为 l_1 - 图（也称为 l_1 - 嵌入的），如果存在某个正整数 m，使得它的伴随度量空间 (V, d_G) 可以等距离地嵌入到 l_1 - 空间 $(\mathbb{R}^m, d_{l_1})$ 中. 也就是说，存在从 $V(G)$ 到 $\mathbb{R}^m$ 的一个映射 ϕ 使得对图 G 的任意两个顶点 x, y 都有 $d_G(x, y) = d_{l_1}(\phi(x), \phi(y))$ 成立.

我们研究等距离嵌入到度量空间 l_1 中的图.

5.1　引言

对于图 G 和 H，如果存在一个正整数 λ，映射 $\varphi: V(G) \rightarrow V(H)$ 满足对任意的 $x, y \in V(G)$，有

$$\lambda d_G(x, y) = d_H(\varphi(x), \varphi(y))$$

那么称 φ 为 G 到 H 的一个规模嵌入（scale embedding）. 如果 λ 是确定的数值，则称 φ 为一个规模为 λ 的嵌入，或者 λ - 嵌入；1 - 嵌入也称为等距离嵌入. 如图 5 - 1 所示，可知三长圈 C_3 是可以 2 - 倍地嵌入到 Q_3 中的，所以它是一个 l_1 - 图.

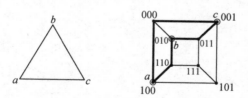

图 5 - 1　C_3 在超立方图 Q_3 中的 2 - 嵌入

下面我们研究规模嵌入到超立方体中，即假设 Q_n 是一个 n - 维立方体. 考虑下面的问题：

奇数倍嵌入到超立方体中的图是否能等距离嵌入到超立方体中？下面我们会给出一个肯定的答案，但是也得到了一些关于奇数和偶数规模的定理，这些定理中最重要的结论是定理 5.2，但我们先来解决一下上面的问题.

定理 5.1 如果图 G 可以奇数倍地嵌入到一个 n - 立方体中,则 G 也可以等距离嵌入到一个 k - 立方体中,其中 $k = [n/\lambda]$.

定理 5.2 设图 G 是一个可以规模嵌入到立方图中的图,则存在另一个图 $\hat{G}$ 和一个从 G 到 $\hat{G}$ 的等距离嵌入 φ,使得:

(1) $\hat{G} = \hat{G}_1 \times \hat{G}_2 \times \cdots \times \hat{G}_r$,其中每个 $\hat{G}_i$ 同构于完全图,或鸡尾酒会图,或半立方图;

(2) 对于图 G 到超立方图中的任何一个规模嵌入 ψ,存在 $\hat{G}$ 到同一个超立方的规模嵌入 $\hat{\psi}$,使得 $\psi = \hat{\psi}\varphi$.

注:定理 5.2 的假设中,G 至少有一个规模嵌入. 在结论(2)中,ψ 是 G 的任意一个规模嵌入.

定理 5.1 和定理 5.2 的关系如下:一个超立方图自己是一些完全图 K_2 的直积. 只有当规模是奇数时这些因子才会在定理 5.2 中出现. 文献[3]已经证明了一个图可以等距离嵌入到一个度量空间 l_1 中(这样的图称为 l_1 - 图),当且仅当它可以规模地嵌入到超立方图中.

推理 5.3 一个图是 l_1 - 图当且仅当它是鸡尾酒会图和半立方图的卡氏积的等距离子图.

推理 5.4 一个图是否是 l_1 - 嵌入的,可以在多项式时间内识别.

一个 l_1 - 图 G 称为 l_1 - 严格的,如果在自然等价的意义下,它只有一个到超立方图中的等距离嵌入. 利用定理 5.2,下面给出判断图的 l_1 - 严格性的一个准则.

推论 5.5 一个 l_1 - 图 G 是 l_1 - 严格的,当且仅当 $\hat{G}$ 是 l_1 - 严格的.

由于 $\hat{G}$ 是一个直积图,所以 $\hat{G}$ 是 l_1 - 严格的,当且仅当它的所有因子都是 l_1 - 严格的. 这等价于:阶数超过 3 的因子不和完全图同构,或者是阶数超过 6 的因子不和鸡尾酒会图同构. 特别地,我们有:

推论 5.6 每一个 l_1 - 严格图都是超立方或半立方的一个等距离子图.

对任意一个 l_1 - 图 G,使得 G 嵌入到超立方中的最小规模 λ 是有界的.

推论 5.7 若 G 是阶数大于等于 4 的 l_1 - 图,则存在 $\lambda < \nu - 1$,使得 G 可以 λ 倍地嵌入到一个超立方图中.

5.2　定义和初步的结果

引言中给出了规模嵌入的定义,现在回忆一下我们提到的一些特殊图的定义.鸡尾酒会图是一个完全 k 部图,每一部的阶数为 2.由定义可知,鸡尾酒会图中的任意一个顶点都恰好存在另一个顶点不和它相邻,我们称这样的两个点为互相对径点. n - 维的超立方是一个 Hamming 图 $H(n,2)$,其中的顶点是由字母表中的两个字母组成的长度为 n 的字符串标号.

另一个等价定义是:令 Δ 为一个 n 元集,超立方图的顶点是 Δ 的所有子集,若两个子集的对称差恰有 1 个元素,则这两个子集所对应的顶点连一条边.这个定义更适合本章.显然,超立方体中两个顶点之间的距离等于给这两个顶点标号的子集的对称差的元素个数.超立方体是二部图,半立方体定义在其中一部分上,半立方体的两个顶点是相邻的,如果在超立方体中它们之间的距离为 2.为方便起见,我们选择维数为偶数的子集组成的那一部分.如果超立方体的维数为 2 或 3,则它对应的半立方体是有 2 或 4 个顶点的完全图.如果 $n=4$,则对应的半立方体是鸡尾酒会图 $K_{4\times 2}$.下面研究的半立方体是 $n\geqslant 5$ 的情况.由定义可知,半立方体是规模为 2 的嵌入到相应的超立方体中.

为了简化符号,用 Δ 表示 n 元基础集和整个超立方体.相应地,用大写字母表示超立方体的顶点, $X\subset\Delta$ 表示一个顶点.在引理中,假设 $x\mapsto X$ 是图 G 嵌入到超立方体 Δ 中的一个规模嵌入,则由定义知

$$|X\triangle Y|=\lambda d(x,y)$$

其中 x 和 y 是图 G 中任意两个顶点, λ 是规模, d 是图 G 中的距离.

引理 5.8　对任意 $S\subset\Delta$,映射 $x\mapsto X\triangle S$ 也是图 G 的一个规模为 λ 的嵌入.

引理 5.8 中,两个嵌入可以从一个得到另一个,则称这两个嵌入是等价的.特别地,我们将考虑在这类等价下的嵌入.假设空集是嵌入的像.令 v 表示映射到空集的顶点,即 $V=\varnothing$.

定理 5.9　令 λ 是嵌入 $x\mapsto X$ 的规模.则:

(1) 对任意的 $x\in V(G)$,有 $|X|=\lambda d(x,v)$ 是 λ 的倍数.

(2) 对任意的 $x,y\in V(G)$,有 $|X\cap Y|=\dfrac{1}{2}[d(x,v)+d(y,v)-d(x,y)]$ 是 $\dfrac{\lambda}{2}$ 的整数倍.

下面的定义与文献[41]和[51]中的"根"类似. 设 x,y 在 G 中相邻,则由边 $\{x,y\}$ 定义的原子为集合 $X\triangle Y$. 显然,每个原子恰好由 λ 个元素组成,不同的边可能定义相同的原子. 下面的引理证明了一个原子是怎样产生的.

引理 5.10 任意两个相邻的顶点 $x,y\in V(G)$,或 $X\subset Y$,或 $Y\subset X$,或者是

$$|X\backslash Y|=|Y\backslash X|=\frac{\lambda}{2}.$$

证明:由定理 5.9 可得,$|X\backslash Y|$ 和 $|Y\backslash X|$ 都是 $\frac{\lambda}{2}$ 的整数倍,而 $(X\triangle Y)\cup (Y\backslash X)$ 有 λ 个元素. ■

一个原子被称为真原子,如果它是由边 $\{x,y\}$ 定义满足 $X\subseteq Y$ 或者 $Y\subseteq X$. 此种情形下,我们总假设 $X\subseteq Y$,即对应的真原子也可以定义为 $Y\backslash X$.

引理 5.11 如果 $v=x_0,x_1,\cdots,x_s=x$ 是从 v 到 x 的一条最短路,则 X 是真原子 $A_i=X_i\backslash X_{i-1}$ 的不交并,$i=1,\cdots,s$.

证明:由于 $V=\varnothing$,由定义可得此证明. ■

引理 5.12 如果 A 是一个真原子,B 是一个顶点或者是另一个真原子,则

$$|A\cap B|=0,\frac{\lambda}{2} \text{ 或 } \lambda.$$

证明:对两个相邻的顶点 $x,y\in V(G)$ 满足 $d(x,v)+1=d(y,v)$,由定义知 $A=Y\backslash X$. 如果 B 是顶点 b 的像,那么由引理 2.2 知,$|A\cap B|=|Y\cap B|-|X\cap B|$ 是 $\frac{\lambda}{2}$ 的整数倍. 类似可证 B 是真原子的情形. ■

下面来证明定理 5.1.

定理 5.1 的证明:如果 λ 是奇数,则所有的原子是真的,并且由引理 5.12 知,不存在任意两个不同的原子有非空交集. 再由引理 5.11,对任意 $x\in V(G)$,子集 X 可以被唯一地表示为原子的不交并. 显然,这给出了一个 G 嵌入到超立方体的一个等距离嵌入,这个超立方体是由原子的集合定义的,它的维数最多为 $\left[\frac{\lambda}{n}\right]$,其中 $n=|\Delta|$. ■

如果 $G_1,G_2,\cdots,G_s$ 是图,则直积 $G_1\times G_2\times\cdots\times G_s$ 是一个顶点集为 $V(G_1)\times V(G_2)\times\cdots\times V(G_s)$ 的图,两个顶点 $(x_1,x_2,\cdots,x_s)$ 与 $(y_1,y_2,\cdots,y_s)$ 是相邻的,当且仅当存在一个下标 i 使得 $x_j=y_j,j\neq i$,而 x_i 与 y_i 相邻.

引理 5.13 令 $G_1,G_2,\cdots,G_s$ 是以同一规模嵌入到超立方体中,每一个到它的基础集的独立部分. 则映射 $(x_1,x_2,\cdots,x_s)\mapsto X_1\cup X_2\cup\cdots\cup X_s$ 给出了 $G_1\times$

$G_2 \times \cdots \times G_s$ 到此超立方体中的一个自然规模嵌入.

引理 5.14 是引理 5.13 的逆. 注意到因子 G_i 自然地等同于直积中的子图, 即由顶点 $(x_1, x_2, \cdots, x_s)$ 导出的子图, 其中 $x_j = y_j (j \neq i)$, x_i 是任意的. 这里 $(y_1, y_2, \cdots, y_s)$ 是任一个固定的顶点, 下面我们把它当成顶点 v.

引理 5.14 设 $G_1 \times G_2 \times \cdots \times G_s$ 可以规模嵌入到超立方体中. 假设因子 G_i 选定, $V = \varnothing$ 表示顶点 v. 则每一个嵌入到基础集的独立子集中.

证明: 只需考虑当 $s = 2$ 时的情形. 设 x 是 G_1 的任一个顶点, y 是 G_2 的任一个顶点. 由于 v 是 G_1 和 G_2 的公共点, 有 $d(x, y) = d(x, v) + d(y, v)$. 由引理 2.2 知 $|X \cap Y| = \frac{\lambda}{2}[d(x, v) + d(y, v) - d(x, y)] = 0$. ∎

几个特殊图的规模嵌入的引理都叙述完了.

引理 5.15 如果图 G 和鸡尾酒会图同构, 并且规模为 λ 地嵌入到一个超立方体 Δ 中, 则 G 的顶点恰好覆盖了集合 Δ 的 2λ 个元素. 进一步, 任意一个图 G, 若它有这种性质的规模嵌入, 则它同构于鸡尾酒会图的某个子图.

证明: 如前所设我们假定存在 $v \in V(G)$ 满足 $V = \varnothing$. 假设 x, y 是 G 中的一对对径点, 且 $x, y \neq v$. 显然, $X \cup Y = 2\lambda$. 如果 z 是其他的任意的一个顶点, 则 $|Z \cap X| = |Z \cup Y| = \frac{\lambda}{2}$. 因为 $d(z, x) = d(z, y) = 1$, 所以 $Z \subseteq X \cup Y$.

由于 2λ 元集合中把所有顶点的补集可以加到 G 上, 所以反过来显然得证. ∎

引理 5.16 表示一个半立方体的所有规模嵌入可以由它的自然的规模为 2 的嵌入中得到. 如前所述半立方体是定义为一个超立方体的确定的规模为 2 的嵌入的子图. 特别地, 半立方体的每一个顶点 x 有它的最初的维数, 用 $\mathrm{card}(x)$ 表示. 不失一般性, 引理 5.16 中, 假设 $\mathrm{card}(v) = 0$.

引理 5.16 如果 G 是一个半立方体, $x \mapsto X$ 是 G 到一个超立方体 Δ 的 λ - 嵌入, 则存在 Δ 的一个两两不相交的子集族, 每一个维数为 $\frac{\lambda}{2}$, 使得对任意 $x \in V(G)$, X 恰好是 $\mathrm{card}(x)$ 个这样的子集的并集. 如果 G 的顶点覆盖了 Δ 的所有顶点, 则这样的子集族是唯一的.

证明: 由定义知 G 的顶点是集合 $\{1, 2, \cdots, k\}$ $(k \geqslant 5)$ 的所有偶子集. 两个子集相邻, 当且仅当它们的对称差为 2. 由假设 $v = \varnothing \in V(G)$, 映射到 $V = \varnothing \in V(\Delta)$. 则 $|X| = \lambda \dfrac{\mathrm{card}(x)}{2}$, 对任意的 $x \in V(G)$.

对 $i=2,\cdots,k$，令 $x_i=\{i-1,i\}\in V(G)$．显然，所有的这些点都和 v 相邻，并且每一个 x_i 都与 x_{i-1} 和 x_{i+1} 相邻，与其他的 $x_j's$ 不相邻．对于 $i=3,\cdots,k$，令 $P_i=X_i\backslash X_{i-1}$．$P_2=X_3\bigcap X_2$，$P_1=X_2\backslash X_3$，显然，$P_i's$ 都是基数为 $\frac{\lambda}{2}$ 的不相交子集．

现在令 $x=\{s,t\}$ 是任意一个 2 维子集．如果 x 和 x_i 相邻，和 x_{i+1} 不相邻，则 $X\supset P_{i-1}$．类似地，如果 x 和 x_i 相邻，和 x_{i-1} 不相邻，则 $X\supset P_i$．用上面两种方法和条件 $k\geqslant 5$，易证每种情况 $X=P_i\bigcup P_i$．最后，如果 $x=\{s,t,r,\cdots,f\}$ 是 G 的任一个顶点，则对 $y=\{s,t\}$，$z=\{r,\cdots,f\}$，从成对的距离可得 Y 和 Z 是不相交的，并且 $X=Y\bigcup Z$．所以，每一个 X 都是偶数个 $P_i's$ 的并．至于唯一性，从每一个 P_i 一定属于任意一些这样的族可知．■

这部分的最后一个引理是：

引理 5.17　设图 G 是规模为 λ 地嵌入到超立方体 Δ 中，Ω 是 Δ 的子集．假设 G' 是 G 的由所有的顶点 $x(x\subseteq\Omega)$ 导出的子图．则

(1) 如果 G 和完全图或鸡尾酒会图同构，则 G' 也是．

(2) 如果 G 和半立方体同构，则 G' 是一个半立方体，或完全图 K_s，$s=1,2,4$，或鸡尾酒会图 $K_{4\times 2}$．在任何情况下，G' 都是规模为 λ 地嵌入到超立方体 Δ 中．■

证明：由引理 5.15 和引理 5.16 易证．

注 5.18　引理 5.17 中的 (2) 是我们决定把维数较小的半立方体作为错误的情况来考虑的．

5.3　原子图

在这一部分，我们只考虑规模为 λ 地嵌入到一个固定的超立方体中的图，这样的图 G 认为等同于它的像．也就是说，它的顶点集合为 Δ 的子集（基础集的子集的集合）．在这样一族子集里，（与图 G 中一致）邻接的定义为：

$X\sim Y$ 当且仅当 $|X\triangle Y|=\lambda$．

进一步，子集族中任意两个子集之间的距离一定满足：

$$d(X,Y)=|X\triangle Y|/\lambda$$

这部分中，我们把这些规模为 λ 地嵌入到超立方体 Δ 中的子图当成是这样的一族．对两个图 G,G'，若 $G\subseteq G'$，我们称 G' 是 G 的扩张．显然，在这种情形下 G 等距离嵌入到 G' 中．这部分的主要结果如下：

命题 5.19 任意规模嵌入到 Δ 中的图 G 有唯一的扩张 $\hat{G}$,满足下列条件:

(1) $\hat{G} = \hat{G}_1 \times \hat{G}_2 \times \cdots \times \hat{G}_s$;

(2) $\hat{G}_i (i=1,2,\cdots,s)$ 同构于完全图、鸡尾酒会图或半立方体.

为了证明命题 5.19,我们首先来看关于原子的若干理论. 假设图 G 是规模为 λ 地嵌入到超立方体 Δ 中.

对于给定的图 G,定义原子图 $\Lambda(G)$ 是定义在 G 的真原子的集合上的图,其中两个真原子 A 和 B 是相邻的,当且仅当 $|A \cap B| = \lambda/2$. 由引理 5.12,不同的真原子是相邻的或不交的.

引理 5.20 如果 G' 是 G 的一个扩张,那么 $\Lambda(G)$ 是 $\Lambda(G')$ 的子图.特别地, $\Lambda(G)$ 的每一个连通分支都包含在 $\Lambda(G')$ 的一个连通分支中.

令 Λ 是 $\Lambda(G)$ 的一个连通分支,Ω 是所有的真原子的并——λ 的顶点. 由 Ω 的定义,G 的每一个真原子要么包含在 Ω 中,要么与 Ω 不相交.我们给出一个更一般的结论.

引理 5.21 对 G 的每一个原子 A(不一定是真的),或者 $A \subseteq \Omega$,或者 $A \cap \Omega = \varnothing$.

证明:由定义知 $A = X \triangle Y$,其中 X 和 Y 是相邻的两个顶点. 由上面的注释可知我们只研究 A 不是真原子的情况. 由引理 5.10,$|X \backslash Y| = \dfrac{\lambda}{2}$. 由引理 5.11,$X$ 和 Y 都可以表示成真原子的不交并集——$X = \bigcup_{i=1}^{s} B_i$ 和 $Y = \bigcup_{i=1}^{s} C_i$. 令 $\mathcal{B} = \{B_1, B_2, \cdots, B_s\}$,$\mathcal{C} = \{C_1, C_2, \cdots, C_s\}$. 如果 $\alpha \in X \backslash Y$,则存在一个原子 $B \in \mathcal{B}$,使得 $\alpha \in B$. 由引理 5.12,$B \cap Y$ 是 $\dfrac{\lambda}{2}$ 的整数倍. 现在 $|X \backslash Y| = \dfrac{\lambda}{2}$,说明 $X \backslash Y \subset B$. 同样,存在一个原子 $C \in \mathcal{C}$,使得 $Y \backslash X \subset C$. 此外,由于 $C_i's$ 是互不相交的,每个不等于 C_i 的 B_j,与恰好两个真原子 $C_i's$ 有非平凡交集,除非 $B_j = B$,此时 B_j 和恰好一个真原子 C_i 有非平凡交集. 显然,对于 $C's$,这种情况也成立.

这意味着由 $B_i's$ 和 $C_i's$ 生成的 $\Lambda(G)$ 的子图是孤立点、圈及恰好一个迹的不相交并集. 显然,这条迹的端点是 B 和 C. 由定义,沿着 S 所有的真原子属于 $\Lambda(G)$ 的同一个连通分支. 由于 $A \subseteq B \cup C$,故命题得证. ■

对 $X \in V(G)$,令 $\bar{X} = X \cap \Omega$.

引理 5.22 集合 $\{\bar{X} \mid S \in V(\Gamma)\}$ 构成图 $\bar{G}$,规模为 λ 地嵌入到超立方体 Δ 中. 此外,$\bar{G}$ 的原子(真原子)恰好是 G 的那些包含在 Ω 中的原子(完全原子). 特别地,Λ 和 $\Lambda(G)$ 完全一致.

证明：我们定义 $\{\overline{X} \mid X \in V(G)\}$ 上的邻接关系和本部分开头的定义一致. 因此, 我们只需证任意 $X, Y \in V(G)$, 存在一个整数 s 使得 $|\overline{X} \delta \overline{Y}| = \lambda s$, 并且在 $\overline{G}$ 中存在一条 $\overline{X}$ 到 $\overline{Y}$ 的长为 s 的路. 如引理 5.11, $X \triangle Y$ 是原子(不必是真原子)的不交并, 这些原子定义在从 X 到 Y 的一条最短路 $X = X_0, X_1, \cdots, X_k = Y$ 的边上. 如果原子 X_{i-1} 和 X_i 是这条路上相继的两个顶点, 则由引理 5.10, 原子 $X_{i-1} \triangle X_i$ 要么包含在 Ω 中, 要么与 Ω 不交. 令 s 是包含在 Ω 中的原子个数, 则 $\overline{X} \triangle \overline{Y} = \lambda s$, 且路 $\overline{X}_0, \cdots, \overline{X}_k$ 将重复的删掉, 是需要的连接 $\overline{X}$ 和 $\overline{Y}$ 的长度为 s 的一条路.

显然, 如果一个原子 $A = X \triangle Y$ 包含在 Ω 中, 则 $A = \overline{X} \triangle \overline{Y}$, 证明 G 的(真)原子也是 $\overline{G}$ 的(真)原子. 令 $A = \overline{X} \triangle \overline{Y}$, 是 $\overline{G}$ 的任意一个原子, 如前所述, $X \triangle Y$ 是由 X 到 Y 的一条最短路上的边定义的原子的不交并集. 由引理 5.12, 每一个原子要么包含在 Ω 中, 要么与 Ω 不交. 因此, A 自身是 G 的一个原子, 并且如果它在 $\overline{G}$ 中是真原子, 则它也是 G 的真原子.

图 $\overline{G}$ 当作图 G 的投影, 由子集 Ω (或连通分支 Λ)定义. 令 $\Lambda_1, \cdots, \Lambda_r$ 为 $\Lambda(G)$ 的连通分支的全集, $\Omega_i (i = 1, 2, \cdots, r)$ 是 Λ 的基础集的一部分, 并且被 $V(\Lambda_i)$ 的原子覆盖, $\overline{G}_i$ 是上面定义的 G 在子集 Ω_i 上的投影. 由引理 5.22, $\Lambda_i = \Lambda(\overline{G}_i)$, $i = 1, 2, \cdots, r$. 由引理 5.13, 投影 $\overline{G}_i$ 给出了 G 的一个确定的扩张 $\overline{G}$, 简化为 $\overline{G}_i's$ 的直积.

令 $\hat{G}$ 是 G 的满足命题 5.19 中的条件(1)和(2)的最小的扩张. 下面将证明 $\hat{G}$ 的存在性和唯一性. 这里我们将一般条件减弱为 $\Lambda(\Gamma)$ 是连通的. 由引理 5.14, 我们可以假设因子 $\hat{G}_i$ 可以嵌入到 Δ 的独立部分. 首先我们先观察得到:

引理 5.23 $\Lambda(\hat{G})$ 是 $\Lambda(\hat{G}_i)$ 的不交并, $i = 1, 2, \cdots, s$.

显然, 所有的 $\Lambda(\hat{\Gamma}_i)$ 都是连通的. 由引理 5.20, 每一个 Λ_i 都是某个 $\Lambda(\hat{\Gamma}_j)$ 的子图.

引理 5.24   如果 Λ_i 是 $\Lambda(\hat{G}_j)$ 的一个子图, 则 $\hat{\Gamma}_j$ 的每一个顶点包含在 Ω_i 中.

证明：考虑 $\hat{G}$ 的最小化, 证明容易从引理 5.17 得出. ■

由引理 5.24, 命题 5.19 将是下面的一个结果.

命题 5.25   如果 $\Lambda = \Lambda(G)$ 是连通的, 则恰好存在一个 G 的最小扩张 $\hat{G}$ 同构于一个完全图、鸡尾酒会图或半立方体.

在证明命题 5.25 之前插入一个引理, 帮助我们区分证明过程中退化和非退化的情况.

引理 5.26 假设连通图 H 不是鸡尾酒会图的子图,每个顶点 $x \in V(H)$ 表示成一个超立方体 Δ 的顶点 X,满足对每个 $x \in V(H)$,$|X| = \lambda$,对任意两个顶点 x,$y \in V(H)$,以 x,y 是否相邻,$|X \cap Y| = \frac{\lambda}{2}$ 或 0. 则存在 $x,y,z \in V(H)$,使得 $d(x,y) = 2, d(x,z) \neq 1, d(y,z) = 1$.

证明:反证法. 假设 x,y 是距离为 2 的两个顶点,$z \in V(H)$,$d(x,z) = 1$ 与 $d(y,z) = 1$ 可以相互推出. 设 z 是 x,y 的任意一个邻点. 由于 X 和 Y 不相交,我们有 $Z \subseteq X \cup Y$. 现在 z 的任意一个邻点一定是 x 或 y 的邻点,所以它一定是 x 和 y 的公共邻点. 由连通性,H 的所有顶点可用 2λ 元的集合 $X \cup Y$ 的子集来表示. 显然,$x \mapsto X$ 是一个规模嵌入. 因此,由引理 5.15,H 是鸡尾酒会图的子图,矛盾. ∎

命题 5.25 的证明:我们分成三种情况来考虑. 首先我们考虑退化的情况. 如果 $\Delta(G)$ 是一个完全图,由引理 5.11,G 的任意一个点要么 $V = \varnothing$,要么是 Δ 的一个顶点. 因此,G 自己是一个完全图,并且 $\hat{G} = G$. 如果 Δ 包含两个真原子 A 和 B,并且两者之间的距离为 2(即两者不相交),但同时 Δ 还是一个鸡尾酒会图的自吐露,则每个其他的真原子 C 与 A 和 B 都是相邻的. 这样,$C \subseteq A \cup B$. 利用引理 5.11,图 G 在 2λ 元的子集 $A \cup B$ 中. 显然,$\hat{G}$ 此时是一个鸡尾酒会图,它由 G 的所有顶点及这些顶点在 $A \cup B$ 的补构成.

现在假设 Δ 不是鸡尾酒会图的子图. 由引理 5.26,存在两个距离为 2 的真原子 A 和 C,一个真原子 D,使得 D 和 A 不交但和 C 有非平凡的相交. 令 B 是与 A 和 C 都相邻的真原子.

我们称 Δ 的下面两种子集——$X \cup Y$ 和 $X \setminus Y$ 为半集,其中 X 和 Y 是两个相邻的真原子. 显然,每一半都有 $\frac{\lambda}{2}$ 个元素. 要证此引理,只需证这两个半集是不交的. 由 Δ 的连通性可知,每一个真原子唯一地表示成一对半集,每一个顶点 X 唯一地表示成 $2d(X,V)$ 个半集的不交并. 这直接给我们一个从 G 到由半集构成的半立方体的等距离嵌入.

用归纳法证明这些半集是不交的. 由连通性可以将真原子集合 $\{A_1, A_2, \cdots, A_d\}$ 排序,使得每个 $A_j (j \neq 1)$ 至少和一个 $A_s (s < j)$ 相邻. 则由 G 的前 j 个顶点生成的子图是连通的. 我们假设 $A_1 = A, A_2 = B, A_3 = C$,且 $A_4 = D$.

从 $j = 4$ 开始,令 $H_1 = A \setminus B, H_2 = A \cap B, H_3 = B \cap C, H_4 = C \setminus B$,由于 A 不和

C 相邻,故这四个半集都是不交的. 如果 $X=D\bigcap C$ 与 H_3 和 H_4 都不一致,则 $0<$ $\left|X\bigcap H_3<\dfrac{\lambda}{2}\right|$. 这意味着 $B\bigcap D$(如果非空,则一定是 $\dfrac{\lambda}{2}$ 个元素)与 B 的 H_2 和 H_3 都有不平凡的交. 因为 $H_2\subseteq A$,则有 D 与 A 相邻,矛盾. 我们已经证明了 $X=H_3$ 或 H_4,所以 $H_5=D\backslash C$ 是 H_1,H_2,H_3 和 H_4 的不交并.

假设由 Λ 的前 $j-1$ 个顶点定义的分集是不交的,其中 $j>4$. 用 $\mathcal{H}$ 表示这些半集构成的集合. 两个半集 $X,Y\in\mathcal{H}$ 称为相邻的,如果它们的并是原子 $A_s(s<j)$ 中的一个. 显然给出了一个 $\mathcal{H}$ 上的图结构. 进一步,由于 Λ 的、由 $\{A_1,A_2,\cdots,A_{j-1}\}$ 生成的子图是连通的,故图 $\mathcal{H}$ 是连通的.

由假设 A_j 与某个 $A_s(s<j)$ 相邻,令 $A_s=X_1\bigcup X_2,X_1,X_2\in\mathcal{H}$. 假设 $A_j\bigcap A_s$ 不等于 X_1 也不等于 X_2. 显然,对某两个 α 和 β,$|A_j\bigcap X_1|=\alpha$,$|A_j\bigcap X_2|=\beta$,其中 $\alpha,\beta>0,\alpha+\beta=\dfrac{\lambda}{2}$. 更一般地,如果 Y_1 和 Y_2 是两个相邻的半集,$|A\bigcap Y_1|=\alpha$(或 β),则 $|A\bigcup Y_2|=\beta$(或者 α). 由图 $\mathcal{H}$ 的连通性,对任意相邻的 $Y_1,Y_2\in\mathcal{H}$,有 $|A\bigcap Y_1|=\alpha$ 且 $|A_j\bigcap Y_2|=\beta$. 反之亦然.

显然,$|A\bigcap(H_1\bigcup H_2\bigcup H_3\bigcup H_4\bigcup H_5)|=2\alpha+3\beta$ 或 $3\alpha+2\beta$,无论何种情况都大于 λ,这个矛盾证明了 $A\bigcap A_s$ 要么是 X_1,要么是 X_2. 因此,$A_j\backslash A_s$ 要么是 $\mathcal{H}$ 的一个半集,要么是一个和 $\mathcal{H}$ 中的所有半集都不交的新半集. 归纳法说明了所有的半集都不相交. 命题 5.25 证明完毕. ■

命题 5.19 是命题 5.25 和引理 5.24 的一个结论.

引理 5.27　若 $\Lambda(G)$ 有 k 个连通分支 $\Lambda_1,\Lambda_2,\cdots,\Lambda_k$,则存在唯一的极小的图 $\hat{G}$ 包含 G 作为一个等距离子图且满足

$$\hat{G}=\prod_{1\leqslant h\leqslant k}\hat{G}_h$$

其中每个 $\hat{G}_h$ 同构于一个完全图、鸡尾酒会图或者半立方图. 进一步,$\hat{G}$ 是 λ － 嵌入到超立方图 Ω 中.

证明:作为原子图,由命题 5.25,$\Lambda(\bar{G}_h)=\Delta_h$ 是连通的. 因此,对每个 $h=1,\cdots,k$,存在唯一的一个极小图 $\hat{G}_h$ 包含 $\bar{G}_h$ 作为等距离子图,且与完全图、鸡尾酒会图或半立方图同构. 因此 G 等距离嵌入到 $\hat{G}=\prod_{1\leqslant h\leqslant k}\hat{G}_h$,提供了满足引理 5.27 的极小图 $\hat{G}$. 进一步,$\hat{G}\lambda$ － 嵌入到超立方图 Δ 中,每个因子 $\hat{G}_h\lambda$ － 嵌入到 Δ_h 中,其中 Δ_h 是 δ 的不交的子集. ■

5.4 l_1 - 图的标号

本节我们介绍 l_1 - 图的一种边的标号,这种标号首次在文献[48,105]中使用,后来也被多次用到[49,50,88].

设 G 是个有限的 l_1 - 图, ϕ 是 G 在超立方图 Q_n 中的规模为 λ 的嵌入.给 G 的每条边 uv 一个标号 $l(uv)$ 如下: $l(uv) = \phi(u) \triangle \phi(v)$.则对 G 的每条边 $e = uv$, $|\phi(u) \triangle \phi(v)| = d_{Q_n}(\phi(u), \phi(v)) = \lambda \cdot d_G(u,v) = \lambda$.于是每条边的标号恰好含有集合 $\{1, 2, \cdots, n\}$ 中的 λ 个元素.下面是两个关于路和圈的标号的引理,文献[48,88]中对此做了介绍且给出了证明,这里我们也可以利用对称差的结合律和交换律很容易证明它.

引理 5.28[48,88] 设 v_0, v_n 是 l_1 - 图 G 的两个顶点, ϕ 是 G 到超立方图中规模为 λ 的嵌入.则有下列两条成立:

1. 若 $\gamma = v_0 v_1 v_2 \cdots v_n$ 是从 v_0 到 v_n 的一条路,则 $\phi(v_0) \triangle \phi(v_n) = l(v_0 v_1) \triangle l(v_1 v_2) \triangle \cdots \triangle l(v_{n-1} v_n)$;

2. 若 γ 是条最短路,则标号 $l(v_0 v_1), l(v_1 v_2), \cdots, l(v_{n-1} v_n)$ 是两两不交的且

$$\phi(v_0) \triangle \phi(v_n) = l(v_0 v_1) \bigcup l(v_1 v_2) \bigcup \cdots \bigcup l(v_{n-1} v_n)$$

特别地,从 v_0 到 v_n 的任意一条最短路上的每条边的标号都包含在 $\phi(v_0) \triangle \phi(v_n)$ 中.

证明:(1) 考虑任意一条路 $\{v_0, v_1, \cdots, v_n\}$.则边的标号是集合 $E_i = \psi(v_{i-1}) \psi(v_i)$,其中 $i = 1, \cdots, n$.所有的边标号的对称差是 $E = E_1 \triangle E_2 \cdots \triangle E_n$.因此所有边标号的对称差 $E = (\psi(v_0) \triangle \psi(v_1) \triangle \cdots \psi(v_n)) = \psi(v_0) \triangle \psi(v_n)$,因为其他的项都可以约去.

(2) 现在考虑一个最短路 $\{v_0, v_1, \cdots, v_n\}$.则我们得到 $d_{v_0, v_n} = n = \frac{1}{\lambda} |\psi(v_0) \triangle \psi(v_n)|$.因此,所有边标号的对称差有 λn 个元素.因为每条边标号有 λ 个元素,现在有 n 条边,因此这些边的标号都是两两不交的(否则,它们的对称差有少于 λn 个元素).∎

定义 5.29 图 G 的直径 $D(G)$ 定义为图 G 中所有点对之间距离的最大值,即

$$D(G) = \max_{x, y \in V(G)} d_G(x, y)$$

令 $C_k = v_1 v_2 \cdots v_k v_1$ 是一个圈.圈 C_k 的两条边 $v_i v_{i+1}$ 和 $v_j v_{j+1}$ $(1 \leq i, j \leq k)$ 是

相对的,如果 $d_{C_k}(v_i,v_j)=d_{C_k}(v_{i+1},v_{j+1})$,且恰等于 C_k 的直径,其中 $v_{k+1}=v_1$.这样,当 k 是偶数时,每条边都有唯一的一条相对边;否则,每条边有两条相对边.

引理 5.30[46,82]   假设 C_k 是 l_1 - 图 G 中的一个等距离圈,uv 和 xy 是 C_k 的一对相对边.当 k 是偶数时,$l(uv)=l(xy)$;而当 k 是奇数时,$|l(xy)\bigcap l(uv)|=\frac{\lambda}{2}$.进一步,若 k 是奇数,vw 是 xy 的另一条相对边,则 $l(xy)\subset l(uv)\bigcup l(vw)$.在圈 C_k 中,不相对的边的标号都是不交的.

引理 5.31   在一个简单的 l_1 - 图中,相邻的两条边的标号都是不相等的.

证明:设 G 是个简单的 l_1 - 图,ϕ 是 G 到超立方图的规模为 λ 的嵌入.令 $e_1=uv$ 和 $e_2=vw$ 是 G 中两条相邻边.由于 G 是简单的,$1\leqslant d(u,w)\leqslant 2$.假设 $l(uv)=l(vw)$,则由引理 5.28(1)知

$$\lambda d(u,w)=|\phi(u)\triangle\phi(w)|=|l(uv)\triangle l(vw)|=|\varnothing|=0$$

因此 $d(u,w)=0$,矛盾.   ■

图 G 的导出子图 H 称为门子图,如果对 H 之外的任何一个顶点 x,存在一个 H 的一个顶点 x'(称为 x 在 H 中的门),使得 H 的每个顶点与 x 有一条经过 x' 的最短路相连.

图 G 是两个图 G_1 和 G_2 的门合并运算图,如果 G_1 和 G_2 是 G 的两个相交的门子图,它们的并正好是整个 G.至少有两个顶点的图称为是质的,如果它既不是卡式积,也不是更小的图的门合并运算图.

下面的结果说明要确定图 G 是 l_1 - 嵌入的,只需要检查它的质分支,就是那些从它们开始经过一系列卡式积和门合并运算可以得到 G 的质的(门)子图.

命题 5.32   一个有限图 G 是 l_1 - 嵌入的当且仅当 G 的每个质分支是 l_1 - 嵌入的.G 可以 λ - 嵌入到某超立方图中当且仅当它的每个质分支也是如此.G 是 l_1 - 严格的,当且仅当它的每个质分支是 l_1 - 严格的.

我们已知图 G 是 l_1 - 嵌入的当且仅当它的度量 d 可以表示出如下的分解形式

$$d=\sum_{i=1}^{m}\lambda_i\dot{\delta}_i \qquad (\lambda_i>0,i=1,\cdots,m)$$

是伴随图 G 的划分 $\{A_i,B_i\}$ 的"割"度量 δ_i 的正线性组合,即:根据若 $x,y\in A_i$ 或 $x,y\in B_i$,则 $\delta_i(x,y)=0$;否则,$\delta_i(x,y)=1(i=1,\cdots,m)$,$G$ 的顶点集合分成两部分.

若 G 可以 λ - 嵌入到超立方图中,则上面的分解可以写成

$$\lambda d = \sum_{i=1}^{m} \lambda_i \delta_i \qquad (\lambda_i > 0, i = 1, \cdots, m)$$

另外，如果 d 的这种分解形式是唯一的，则称 G 是 l_1 - 严格的. 对每个 i，上面出现的集合 A_i 和 B_i 构成 G 的互补的半空间，也就是说每个子集包含了 G 中连接它两个顶点之间的所有的最短路，并且这两个子集的并构成了整个顶点集合. 如果 G 的导出子图 $G[A_i]$ 和 $G[B_i]$ 都是凸的，则称割 $\{A_i, B_i\}$ 为一个凸割. 图 G 的一个割 $\{A_i, B_i\}$ 割开边 uv，如果 $u \in A_i$ 且 $v \in B_i$. 否则，称割 $\{A_i, B_i\}$ 没有割边 uv. 割 $\{A, B\}$ 的边集 $E(A, B) = \{uv \in E(G) \mid u \in A, v \in B\}$. 因此，我们就有如下结果：

引理 5.33 图 G 可以 λ 倍地嵌入到某个超立方图中当且仅当存在 G 的一个凸割族 $\mathcal{C}(G)$（其中的元素可以重复），使得 G 的每条边恰好被 $\mathcal{C}(G)$ 中的 λ 个割割开.

第 6 章 可平面图的 l_1 – 嵌入

6.1 半立方图的等距离子图

假设 H 是两个连通图 H_1 和 H_2 的卡式积. 我们知道, 对任意的两个顶点 $u=(u',u'')$ 和 $v=(v',v'')$, $d_H(u,v)=d_{H_1}(u',v')+d_{H_2}(u'',v'')$. 对 H_1 的一个顶点 v, 我们称 $\{v\}\times H_2$ 是 v 在 $H=H_1\times H_2$ 中的纤维 (或 H_1 – 纤维). 对图 $H=H_1\times H_2$ 的一个等距离子图 G, 它到 H_1 的投影是指 H_1 中由所有的顶点 v 的诱导子图, 其中 v 满足纤维 $\{v\}\times H_2$ 与 G 相交.

引理 6.1 若 G 是 $H=H_1\times H_2$ 的等距离子图, G 到 H_1 的映射 G_1 包括一个团 C, 则 G 包含一个与双射到 C 的团 $\hat{C}$.

证明: 考虑 G 中具有最大的图 $\hat{C}$, 使得 $\hat{C}$ 双射映射到 C 的一个子团上. 假设 $\hat{C}$ 与 C 的某个顶点 w 的纤维 $\{w\}\times H_2$ 不交. 因为 w 在 G 的映射中, 它的纤维与 G 共享一个顶点 $\hat{w}$, 故我们可以假设选择离 $\hat{C}$ 尽可能近的 $\hat{w}$. 团 $\hat{C}$ 包括在一个简单 H_2 纤维, 设是顶点 H_2 中顶点 v 的纤维. 任选 $\hat{C}$ 的一个顶点 $\hat{x}$, 假设 $\hat{x}=(x,v)$, $x\in C$. 令 $\hat{w}=(w,y)$, $y\in H_2$. 因为

$$d_G(\hat{w},\hat{x})=d_H(\hat{w},\hat{x})=d_{H_1}(w,x)+d_{H_2}(y,v)=1+d_{H_2}(y,v)$$

由此可见 $\hat{w}$ 与团 $\hat{C}$ 的所有顶点是等距离的. 特别的, $y\neq v$; 否则 $\hat{w}\bigcup\hat{C}$ 是一个团, 与 $\hat{C}$ 的最大性相矛盾. 因此 $d_G(\hat{w},\hat{x})\geqslant 2$. 由于 G 是 H 的一个等距离子图, 顶点 $\hat{w}$ 和 $\hat{x}$ 在 G 中由一条最短路连通起来, 令 $\hat{u}=(u,z)$ 是这条路上 $\hat{w}$ 的邻点. 若 $\hat{u}$ 属于纤维 $\{w\}\times H_2$ (即 $u=w$), 则与 $\hat{w}$ 的选择相矛盾. 因此 $u\neq w$. 在此情况下, G 在 $H_1\times H_2$ 上是等距离的, 所以 $u=x$, 即 $\hat{u}$ 和 $\hat{v}$ 属于 x 的纤维. 另一方面, 由于 $\hat{u}$ 和 $\hat{w}$ 是相邻的, 我们可得 $y=z$. 因此, 对每个顶点 $\hat{x}=(x,v)\in\hat{C}$, 顶点 $\hat{u}=(x,y)$ 是在 G 中. 我们得出 $\hat{w}$ 与所有的这些新的顶点 $\hat{u}=$ 构成一个团. 这就证明了 G 包含一个更大的团映射到 C 的一个子团上, 与 $\hat{C}$ 的选择矛盾.

对给定的非负整数 k, 设 T_k 表示定义在集合 $X=\{a_0,a_1,a_2,a_3,a_4,b_0,b_1,b_2,$

$b_3 , b_4\}$ 上的如下度量：

$$d(a_i , a_j) = d(b_i , b_j) = 1 \qquad (i , j \in \{0,1,2,3,4\})$$

$$d(a_0 , b_i) = d(b_0 , a_i) = k+1 \qquad (i \in \{1,2,3,4\})$$

$$d(a_0 , b_0) = k+2$$

同时 $i \neq j , i , j \neq 0 , d(a_i , b_i) = k , d(a_i , b_j) = k+1$. 注意到 T_0 可以看成是图 $K_6 - e$（六个顶点的完全图删掉一条边）的一个度量. 事实上, $K_6 - e$ 是最多六个顶点且嵌入倍数大于 2 的唯一的 l_1 - 图. T_k 可以看作是 T_0 与 k 个割的半度量的和, 其中 $d(a_i , b_i) = 1$, 其他的距离都为 0.

命题 6.2 一个 l_1 - 图是半立方的等距离子图当且仅当它不包含任何一个 $T_k (k \geqslant 0)$ 作为一个等距离子空间.

证明：从证明 $T_k (k \geqslant 0)$ 不是 2 倍嵌入超立方体中开始. 它的规模为 4. 对于 $T_0 = K_6 - e$ 可以直接证明出来. 用反证法, 假设取一个最小的规模为 2 的嵌入到超立方体中的 T_k. 等价地, 存在 T_k 的一个凸割族 $\mathcal{C}(T_k)$, 使得每条边 (u,v) 被其中的两个凸割割开. 考虑任意一条边 $(a_i , b_i)(i \in \{1,2,3,4\})$, 则

$$d(b_i , a_j) = d(b_i , a_i) + d(a_i + a_j)$$

$$d(a_i , b_j) = d(a_i , b_i) + d(b_i , b_j)$$

其中 $j \in \{0,1,2,3,4\}$. 具有性质 $a_i \in A$ 且 $b_i \in B$ 的唯一的凸割 $\{A,B\}$ 具有形式 $A = \{a_0 , a_1 , a_2 , a_3 , a_4\} , B = \{b_0 , b_1 , b_2 , b_3 , b_4\}$. 由于 $d(a_i , b_i) = k$, 割 $\{A,B\}$ 则出现在 $\mathcal{C}(T_k)$ 中 $2k$ 次. 在 $\mathcal{C}(T_k)$ 中移除 2 次 $\{A,B\}$, 则我们得到凸割族, 它正好定义了 T_{k-1} 到超立方图的一个 2 - 嵌入. 这与 T_k 的选择相矛盾.

反过来, 假设 G 是一个不包含 $T_k (k \geqslant 0)$ 作为等距离子空间的 l_1 - 图. 因为半立方图的卡式积可以等距离嵌入到一个更大的半立方图中, 故我们假设 G 可以等距离嵌入到一个图 $\Gamma = K_{m \times 2} \times H$, 其中 $m \geqslant 5 , H$ 是一些半立方图与鸡尾酒会图的卡式积（现回想一下, 鸡尾酒会图 $K_{4 \times 2}$ 与半立方图 $\frac{1}{2} Q_4$ 是相同的）. 进一步, G 到 $K_{m \times 2}$ 的映射一定包含子图 $K = K_6 - e$, 否则我们可以将 $K_{m \times 2}$ 缩减为一个更小的鸡尾酒会图. 子图 K 则是两个 5 - 团 C_1 和 C_2 的并, 它们共享一个 4 - 团 C. 令 $x_1 \in C_1 - C , x_2 \in C_2 - C , C = \{y_1 , y_2 , y_3 , y_4\}$. 利用引理 6.1, G 包含两个 5 - 团 $\hat{C}_1$ 与 $\hat{C}_2$ 分别双射映到 C_1 和 C_2. 这些团中的每一个都包含在一个简单 H - 纤维中, 设 $\hat{C}_1 \subset \{u\} \times K_m \times 2 , \hat{C}_2 \subset \{v\} \times K_{m \times 2}$. 那么 $\hat{C}_1 = \{\hat{x}_2 , \hat{y}_1' , \hat{y}_2' , \hat{y}_3' , \hat{y}_4'\} , \hat{C}_2 = \{\hat{x}_2 , \hat{y}_1'' , \hat{y}_2'' , \hat{y}_3'' , \hat{y}_4''\}$, 其中 $\hat{x}_1 = (x_1 , u) , \hat{y}_i' = (y_i , u) , \hat{x}_2 = (x_2 , v) , \hat{y}_i'' = (y_i , v) , i = 1,2,3,4$. 令 $d_H(u,v) = k$. 由于 G 是 $\Gamma = K_{m \times 2} \times H$ 的一个等距离子图,

对所有的 $i\neq j,i,j\neq1$，我们可得

$$d_G(\hat{y}_i{}',\hat{y}_i{}'')=k$$

$$d_G(\hat{y}_i{}',\hat{y}_j{}'')=d_G(\hat{x}_1,\hat{y}_j{}'')=d_G(\hat{x}_2,\hat{y}_i{}')=k+1$$

且 $d_G(\hat{x}_1,\hat{x}_2)=k+2$. 我们看到 $\hat{C}_1$ 和 $\hat{C}_2$ 的并形成了禁止子图 T_k. 由于所有的顶点都是选自 G 的，与 G 不含 T_k 作为等距离子空间矛盾. ■

在文献[15]中，一个度量空间是 l_1 - 嵌入的，当且仅当它所有的子空间都是 l_1 - 嵌入的. 命题 6.2 可以改写成下列形式：一个 l_1 - 图可以等距离嵌入到一半立方图中，当且仅当它最多有 10 个顶点的所有子空间都是能等距离嵌入到半立方图中的.

因为可平面图一定不包含 K_5，所以它也一定不包含 T_k，因此我们有如下推论.

推论 6.3 每个可平面的 l_1 - 图是可以等距离嵌入到一个半立方图中的.

我们从文献[105]知道，一个 l_1 - 图 G 是严格的当且仅当 G 是等距离嵌入的完全图、鸡尾酒会图和半立方图的卡式积中的每个因子图都是 l_1 - 嵌入的. 也就是说，没有因子图同构于完全图 K_m 或鸡尾酒会图 $K_{m\times2}(m>3)$. 利用引理 6.1，这种情况只有当 l_1 - 图 G 不包含 4 - 团的时候会发生. 也就是说，这些因子都不包含 4 - 团. 故每个 l_1 - 严格的可以 2 - 嵌入到某个超立方图中，且有如下推论：

推论 6.4 每个不含 K_4 的 l_1 - 图都是 l_1 - 严格的. 特别的，任何一个 3 - 部的 l_1 - 图都是 l_1 - 严格的.

6.2 平面图的交错割

设 G 是一个局部有限平面图(所有的点有有限的度). 假设 G 的一个平面画法给定了，G 的内面是 G 包围的一个简单连通区域的圈，用 G^* 表示 G 的对偶图. 假设 G^* 的一个平面画法给定，使得 G^* 的顶点和边属于 G 对应的面. 对于 G 的一个割 $\{A,B\}$，令 $E(A,B)$ 表示一个端点在 A、另一个端点在 G 中的边的集合. 显然，删去 $E(A,B)$ 中的边将得到至少两个连通分支的图，也就是说，$E(A,B)$ 是边的割集. 令 $Z(A,B)$ 是 G 的被割 $\{A,B\}$ 通过的内面的集合，我们称 $Z(A,B)$ 是割 $\{A,B\}$ 的区域. 最后，令 $C(A,B)$ 表示 G^* 的一个子图定义如下：$C(A,B)$ 的顶点是 $Z(A,B)$ 的面，两个面在 $C(A,B)$ 中相邻，当且仅当它们共享 $E(A,B)$ 中的一条边. 在这里，我们研究使平面图是 l_1 - 嵌入的局部条件，也就是说，我们研究一个

可平面图,所有的内面是等距离圈.对它们,我们定义一个割的特殊的集合,并且证明它定义了一个到超立方体的 2 - 嵌入.首先,我们建立一个平面图的凸割的简单性质.

引理 6.5 如果 $\{A,B\}$ 是一个凸割,F 是可平面图 G 的一个面,则 $|E(A,B) \bigcap E(F)|=0$ 或 2.特别地,$C(A,B)$ 是一条路或一个圈.

证明:用反证法.假设 $\{A,B\}$ 割 F 至少三条边 (a_1,b_1),(a_2,b_2) 和 (a_3,b_3),其中 $a_1,a_2,a_3 \in A$,$b_1,b_2,b_3 \in B$(则 $|E(A,B)\bigcap E(F)|\geqslant 4$,因为它是一个偶数).不失一般性,假设 F 中两条连接 b_1 和 b_2 的路中的一条属于集合 B.任取连接 a_1 和 a_2 的一条最短路 P,则连接 b_3 和 b_1 的任何一条最短路要么包含 a_1,a_2,a_3 中的一个,要么把 a_1 和 a_2 分开.所以,b_3 和 b_1 之间的每一条最短路都和 P 相交,与 $A\bigcap B=\varnothing$ 矛盾.为了证明第二个断言,须确定 $C(A,B)$ 是连通的.这是显然的,否则,删掉 $E(A,B)$,可得一个至少三个分支的图.故 A 和 B 中有一个不是凸的. ■

在几何上,引理 6.5 证明了如果沿着 $C(A,B)$ 割一个平面,则一旦进入 $Z(A,B)$ 的一个面,我们就必须沿着其他的某条边退出这个面并且再也不进入这个面中,尤其我们切的线不能自交.此外,集合 $A\bigcap Z(A,B)$ 和 $B\bigcap Z(A,B)$ 要么是路要么是圈,记为 $bd(A),bd(B)$,称它们为割 $\{A,B\}$ 的边界线.

从整体上来说这不可能达到,所以我们降到一个更小的但更自然的可平面图的情形.进一步,假设 G 是一个可平面图,嵌入到欧几里得平面上,且有以下性质:

(1) G 的任一个内面是 G 的一个等距离圈.

(尽管可以构造可平面的 l_1 - 图可能不满足这个条件:比如"书图",即有一条公共边的至少三个 4 - 长圈构成的图)

若同一个内面 F 上的两条边 $e'=(u',v')$ 和 $e''=(u'',v'')$ 是相对的,如果 $d_G(u',u'')=d_G(v',v'')=D(F)$,其中 $D(F)$ 表示圈 F 的直径.若 F 是偶圈,则它的任意一条边都有唯一的一个相对边;若 F 是奇圈,则任一条边 $e\in F$ 都有两条相对边 e^+ 和 e^-.在后一种情况下,若 F 是顺时针方向的,则对于边 e,我们区分它们分别为左相对边 e^+ 和右相对边 e^-.如果 $Z(A,B)$ 的每一个面被割 $\{A,B\}$ 从相对的两条边,则我们称割 $\{A,B\}$ 是 G 的一个相对割.

如果 G 的一个凸割 $\{A,B\}$ 通过一条边 e 进入一个内面 F 中,则由 A 和 B 的凸性以及 F 的等距特性推出割 $\{A,B\}$ 经过 e 的相对边退出面 F.我们称 $\{A,B\}$ 在偶面中是直的,在奇面中是会转向的,转的方向是左或右取决于我们经过的相对边是 e^+ 还是 e^-.

引理 6.6　在等距面的可平面图中所有的凸割都是相对割.

若 G 是一个只有偶长等距面的平面图(G 是一个二部图),则 G 是 l_1 - 图,当且仅当每一个相对割是凸的.这已经提供了一个确定 G 是否是 l_1 - 嵌入的有效方式.例如,运用这个我们得到图 6 - 1 中的第一个图不是嵌入的(这是最小的有奇数个四边形面的骨架).

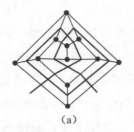 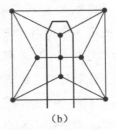

（a）　　　　　　　　　　　　（b）

图 6 - 1　交错割示意图

若平面图 G 的一个相对割$\{A,B\}$上的转向是交替出现的,则称它为交错割.图 6 - 2 和图 6 - 3 中的图是对这个概念的解释,特例是镶嵌图案.许多重要的平面 l_1 - 图,参与分解的凸割被证明是交错的,文献[102]的平面图也是如此.因此,

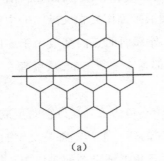 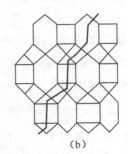

（a）　　　　　　　　　　　　（b）

图 6 - 2　交错割同时也是凸割的示意图

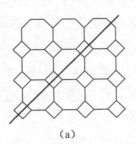 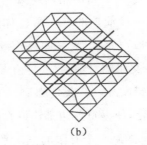

（a）　　　　　　　　　　　　（b）

图 6 - 3　多边形镶嵌图图例

若 G 是二部图,则交错割恰好是 G 的相对割.由引理 6.6,G 的任一个凸割都是交错的.有这种性质的另一种平面图在下面被给出(两个内面如果有一条公共边,则被称为关联的).

引理 6.7 令 G 是一个平面图,在 G 中所有的内面都是奇长的等距圈.如果每对关联面的并是 G 的一个等距离子图,则 G 的任意一个凸割都是交错的.

证明:假设凸割 $\{A,B\}$ 割开相关联的面 F_1 和 F_2.因为 $F_1 \cup F_2$ 是 G 的一个等距离子图,故 F_1 的每一个顶点和 F_2 的每个顶点都可以通过一条至少包含 $F_1 \cap F_2$ 的顶点的最短路连接.由于 A 和 B 是凸的,所以 $\{A,B\}$ 割开 $F_1 \cap F_2$ 的一条边 e.由引理 6.6,$\{A,B\}$ 离开两个面 F_1 和 F_2 是通过相对 e 的两条边 $e' \in F_1$ 和 $e'' \in F_2$.假设 $e'=(x',y')$ 和 $e''=(x'',y'')$ 都是左相对边,分别记 P 和 Q 为 A 和 B 与 $F_1 \cup F_2$ 的交.P 和 Q 都是一个端点在 e',另一个端点在 e'' 的路,并且较长的一个(设为 P)的长度是 Q 的长度加 2.我们可以通过 Q 连接 P 的两个端点 x' 和 x''.由于 A 是凸的,故距离 $d_G(x',x'')$ 比 P 的长度小,与 $F_1 \cup F_2$ 是等距离子图的假设矛盾. ■

可能最著名的可以验证引理 6.7 的条件的一类平面图是没有 4 – 团的平面三角形铺砌图(也就是内部面全是三长圈的平面图).在文献[10]中已经确定了任意一个有限的平面的并且所有的不属于外部面的点的度数大于 5 的三角形铺砌图是 l_1 – 嵌入的.此外,所有的这样的图都是 l_1 – 严格的.从引理 6.7 我们得到平面三角铺砌图的以下性质:

推论 6.8 如果一个三角形铺砌图 G 不包含 K_4 作为它的生成子图(也就是所有的内部点的度数均大于等于 4),则 G 的任一个凸割都是交错的.

我们继续讨论三次平面图的性质(即三角形铺砌图的对偶图),把图三次可平面图 G 的每条边 $e=(u,v)$ 用两条弧 $e'=(u,v)$ 和 $e''=(v,u)$ 来代替,记生成的有向图为 Γ.Γ 的一个简单的有向圈 C 称为交错的,如果 G 的每个面要么是和 C 不相交,要么是和 C 相交于恰好两条连续的弧.图 G 的对偶图 G^* 是平面三角形铺砌图,Γ 的每个交错圈对应 G^* 的一个交错割.反过来,G^* 的任一个凸交错割定义了 Γ 的一个交错圈.因此,我们得到 G 的下面的性质(图的圈双覆盖是指覆盖图的边的多重集合,使得每条边都恰好在两个圈上):

推论 6.9 如果一个有限的三次平面图 G 的对偶图是 l_1 – 嵌入的,则存在 Γ 的一族交错圈,使得 Γ 的任一条弧被恰好一个圈覆盖.换句话说,G 有一个交错圈的双覆盖.

现在我们提供一个算法去找到平面图 G 经过给定的边 $e=(u,v)$ 的交错割. 为了做到这一点, 我们从边 e 开始, 经过一个面到另一个面扩展割. 从 e 的两个方向离开(或者从一个方向, 如果 e 属于外部面)直到我们达到奇圈. 在这次移动中, 我们直走经过偶面. 假设 F' 和 F'' 分别是向两个相反方向移动首次遇到的第一个奇圈, 那么其中一个割在 F' 上左转, 在 F'' 上右转. 而另一个割在 F' 上右转, 在 F'' 左转. 在这之后我们在经过 G 的奇圈时必须转向, 也就是说, 如果在一个割的最后一个转向是向左的, 则到下一个奇圈时, 这个割会向右转, 反之亦然.

令 $E'(e)$ 和 $E''(e)$ 是这次移动中经过的边的两个子集(不必不同). 我们断言, 对任意一个切割边 e 的交错割 $\{A,B\}$, 要么 $E(A,B)=E'(e)$, 要么 $E(A,B)=E''(e)$. 事实上, 割 $\{A,B\}$ 切割 $E'(e)$ 和 $E''(e)$ 的公共部分的边直到面 F' 和 F''. 此时, 我们仅有两个割可能去继续沿着 $E(A,B)$ 移动, 也就是说, 割 $\{A,B\}$ 割面 F' 和 F'' 的方式和割 $E'(e)$ 或 $E''(e)$ 的方式相同, 设为 $E'(e)$. 在这种情形下, $E(A,B)$ 和 $E'(e)$ 处处一致. 最后, 我们得到下面的结论.

引理 6.10　平面图 G 的每条边 e 被至多两个交错割经过, 每一个都是被 $E'(e)$ 或 $E''(e)$ 定义的.

用 $\mathcal{A}(G)$ 表示 G 的所有的交错割的集合, 其中每一个没有转向的割记两次. 一般地, 我们可以构造一个没有交错割的平面图, 这是由于 $E'(e)$ 和 $E''(e)$ 不一定是图 G 的割. 在图 6-1 中, 我们展现了用程序构造的两个"伪交错割"的例子, 这两个图不是 l_1 - 图. 然而, 如果所有的 $E'(e)$ 和 $E''(e)(e \in E(G))$ 都是割集, 则引理 6.10 推出交错割的集合 $\mathcal{A}(G)$ 是相当完善的: G 的每条边恰好被 $\mathcal{A}(G)$ 的两个割经过. 不幸的是, 若仅仅是这个性质加上(1)不能推出平面图 G 的 l_1 - 嵌入性: 存在没有凸交错割的平面 l_1 - 图. 为了确保 G 的 l_1 - 嵌入性, 我们必须在此算法构造的交错割的边界上增加度量条件(幸运的是, 这个要求在很多重要的特例中容易被证明).

(2) 任意交错割 $\{A,B\}$ 的边界线 $bd(A)$ 和 $bd(B)$ 是等距离圈或者是测地线(测地线是指有一条具有性质 $d_P(x,y)=d_G(x,y)$ 的路). 显然, (2)可以推出(1).

命题 6.11　如果 G 是一个满足条件(2)的平面图, 则 G 的一个割 $\{A,B\}$ 是交错的当且仅当它是凸的.

证明: 令 $\{A,B\}$ 是一个交错割. 用反证法, 假设 A 不是凸的, 则我们可以找到两个点 $x,y \in A$, 和连接它们的一条最短路 R, 使得 $R \cap B \neq \varnothing$. 不失一般性, 假设 A 中的违反凸性的点中, 点 x 和 y 被取得尽可能近. 令 x' 和 y' 分别表示 x,y 在 R

中的邻点,则 x', y' 以及 R 中属于两者之间的所有的点都属于集合 B'. 特别地,边 (x, x') 和 (y, y') 是割 $\{A, B\}$ 经过的边,这就说明 $x, y \in bd(A)$, $x', y' \in bd(B)$. 由于 $bd(A)$ 和 $bd(B)$ 是 G 的等距离子图,则 $|d_{bd(A)}(x, y) = d_G(x, y)$, 且 $d_{bd(B)}(x', y') = d_G(x', y')$. 由于 $\{A, B\}$ 是 G 的一个交错割,易知

$$|d_{bd(A)}(x, y) - d_{bd(B)}(x', y')| \leqslant 1$$

这和我们假设 x' 和 y' 在连接 x 和 y 的同一最短路 R 上矛盾.

反过来,令 $\{A, B\}$ 是凸割. 由引理 6.6,这是一个相对割,然而,假设它在两个奇面 F' 和 F'' 上有两个连续转向,由我们的算法可以推出 F' 和 F'' 属于某个交错割 $\{A', B'\}$ 的区域,其中 $\{A', B'\}$ 沿着与 $\{A, B\}$ 相同的边割开 F'. 此外,$\{A, B\}$ 与 $\{A', B'\}$ 通过同一条边进入 F'' 的内部,同时通过相邻的两条边退出这个面. 和引理 6.7 的证明一样,可以得到一个和 $bd(A')$ 或 $bd(B')$ 是等距离子图的矛盾.

推论 6.12 如果 G 是一个满足条件(2)的平面图,则 G 是一个严格的 l_1 - 图.

证明:由引理 6.7 和条件(2)可得 G 的每条边都恰好被两个交错割经过,由命题 6.11,我们得出 G 是规模为 2 的嵌入到一个超立方体中的. 由于 G 的每一个凸割都是交错的,故我们推出 G 的这个 l_1 - 嵌入是唯一的. ■

为了应用这个结论,我们必须构造一个图 G 的交错割,并且去证明是否所有的边界线都是等距离圈或最短线. 例如,如果我们考虑 $K_{2,3}$,点为 x_1, x_2, y_1, y_2, y_3,那么对交错割 $A = \{x_1, y_2\}$, $B = \{y_1, x_2, y_3\}$,我们有 $bd(A) = (y_1, x_2, y_3)$, $bd(B) = (x_1, y_2, x_1)$. 第二条路不是最短线(甚至它不是简单的),所以不能运用推论 6.12. 另一方面,由推论 6.12,易推出一些好的平面图的 l_1 - 嵌入性,特别是镶嵌图案(其中一些见图 6-2 和图 6-3);在所有的这些情形下,交错割的边界线都表示最短线.

我们继续另一类平面图的 l_1 - 嵌入性. 回想起,一个有限的平面图 G 是外可平面图,如果存在 G 到欧几里得平面的一个嵌入,使得 G 的所有点都落在外部面上.

命题 6.13 任一个外可平面图 G 都是一个严格的 l_1 - 图.

证明:实际上,G 满足条件(1)和(2). 事实上,G 的每一个内部面都是凸的. 另外,对于每条边 e,由我们的算法构造出的集合 $E'(e)$ 和 $E''(e)$ 定义了两个交错割 $\{A', B'\}$ 与 $\{A'', B''\}$. 由于 G 的对偶图是一个树,则这些边界线不可能是圈. 如果其中一个不是最短线(设为 $bd(A')$),则可以找到不相邻两点 $u, v \in bd(A')$ 间的一条最短路 L,使得 $L \bigcap bd(A') = \{u, v\}$. 首先假设 L 和 $bd(A')$ 不相交,但是

$bd(A')$ 和 $bd(A'')$ 中至少有一个点属于 L 围成的区域的内部和第二条这样的路, 与 G 是外可平面图矛盾. 然而, 如果 L 和 $bd(A'')$ 有一个公共点, 则可推出由两条边 $(u,x),(v,y),x,y \in bd(A'')$ 以及 $bd(A'')$ 中介于 x 和 y 之间的一段. 由交错割的构造算法, 我们得到 L 的长度必定比 $bd(A')$ 的大, 与假设矛盾. 所以现在可以应用推论 6.12. ■

对于一个有限的 l_1 - 图 G, 令 $s(G)$ 表示 $\min\left(\dfrac{n}{\lambda}\right)$ 取遍 G 到一个超立方体中的所有规模嵌入(这里 λ 是嵌入的规模, n 是嵌入的超立方体的维数), 称 $s(G)$ 为图 G 的尺度.

命题 6.14　令 H 是一个平面图, 使得所有的交错割的边界线都是最短线, 令 G 是 H 的一个简单(非退化)的 p - 长圈 C 包围的子图. 则:

(1) 度量为 d_G 的图 G 是一个严格的 l_1 - 图;

(2) $s(G) = \dfrac{p}{2}$.

证明: 我们先给出如何从 $(\mathcal{H}H)$ 得出 $\mathcal{G}$. 选取 H 的一个交错割 $\{A,B\}$, 由引理 6.10 和命题 6.11 可知 $\{A,B\}$ 是由 $E'(e)$ 定义的, $e \in E(G)$. 令 $Z_1,Z_2,\cdots,Z_p$ 表示区域 $Z(A,B)$ 的连通分支, 每一个分支都是 G 的一个割的区域. 记这些割为 $(A_1,B_1),\cdots,(A_p,B_p)$, 使得 $Z_1 = Z(A_1,B_1),\cdots,Z_p = (A_p,B_p)$. 由定义, 这些割中每一个都是 G 的交错割. 不失一般性, 假设 (A_i,B_i) 是被 G 的割集 $E'(e_i)$ 定义的, 其中 e_i 是被 (A_i,B_i) 割的任意一条边. 由于 $bd(A)$ 和 $bd(B)$ 是 H 的最短线, 且 $bd(A_i)$ 和 $bd(B_i)$ 分别是 $bd(A)$ 和 $bd(B)$ 的子路, 我们得到 $bd(A_i)$ 和 $bd(B_i)$ 都是 G 的最短线(注意对 G 的任意两个顶点, $d_G(u,v) \geqslant d_H(u,v)$). 再由推论 6.12, 即可得出 G 是 l_1 - 图.

要证明(2), 首先要注意到 G 的每一个交错割开始和结束的边都在 C 中. 如果 G 是二部图, 则交错割和相对割是一致的, 并且 G 可以等距离嵌入到维数为 $\dfrac{p}{2}$ 的超立方体中, 故此时 $s(G) = \dfrac{p}{2}$. 否则, 如果 G 有一个奇面, 则 G 可以 2 倍地嵌入到超立方体中. 因此 C 中的每条边在两个交错割里面(不必不同), 这意味着 G 可以 2 倍地嵌入到一个大小为 $\dfrac{p}{2}$ 的超立方体中. ■

在图 6-4 中, 我们给出了几个满足验证命题 6.14 的条件的例子. 事实上, 图 6-4 中的镶嵌图案中的任一个被圈包围的部分都是一个严格的 l_1 - 图.

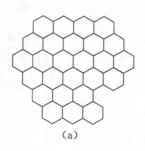 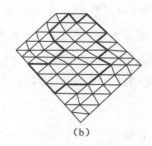

(a)   (b)

图 6 - 4　严格的 l_1 - 图

一个冠状物 $Cor(p,q)$（p 和 q 是正整数,$p \geq 4$),$Cor(p,q)$ 是一个定义如下的图,$Cor(p,1)$ 是长为 p 的圈,围绕 $Cor(p,q-1)$ 加一圈的 p - 长圈得到.$Cor(p,q)$ 可以被看作是有凸 p - 边形的、平面的局部有限镶嵌图案的有限部分,见文献 [65]的图 3.1.6.计算交错割,从推论 6.12 我们得到所有的冠状物都是 l_1 - 图.

命题 6.14 的断言(1)并不是对所有的平面 l_1 - 图都是成立的.例如令 H 是棱柱 $C_6 \times K_2$ 嵌入到欧氏平面上.假设通过从 H 中删除一个边界点后得到图 G,则 G 不是一个 l_1 - 图.然而,它也是从 H 用命题 6.14 中的操作得到的.研究平面 l_1 - 图在命题 6.14(1)中的遗传性质是有趣的.

在某种和以前相反的意义上粘合两个平面 l_1 - 图的公共(等距离)面.一般情况下,它不再具有 l_1 - 嵌入性,故问题是在什么条件下它仍是 l_1 - 嵌入的.

粘合的一个特例是平面图 G 的帽覆盖(对应于粘合一个平面图和一个轮图):在一个给定的面内加一个新点,连接这个点和面上的所有点.图 G 的一个全帽覆盖是 G 的所有面的帽覆盖,那么此覆盖什么时候保持 l_1 - 嵌入性？我们只知道,除去立方体,正多面体的骨架的所有部分帽覆盖都是 l_1 - 图.H_3 的一对、两对或三对非对立面的帽覆盖是 l_1 - 图,其他的帽覆盖都不是.

6.3　l_1 - 图的 Wiener 指标

一个苯系统(六角系统)是平面图,在苯系统中每一个内部面都被一个规则的六边形包围.一个苯系统(六角系统)是一个每个内部面都被一个正六边形包围的平面图,苯系统是六角格子的子图,并且是被六角格子的一个简单圈包围的子图.文献[76]中,确定了苯系统是图(即它可以等距离嵌入到超立方体中).此外,已经证明了如何利用这个嵌入去计算苯系统的 Wiener 指标.回想起图 G 的 Wiener 指

标 $W(G)$ 是指图 G 中所有的点对 u,v 之间的距离 $d_G(u,v)$ 之和. 在文献[29]中, 已经证明了苯系统的图等距离嵌入到三个树的卡氏积中, 利用这一结论以及文献[77]中的结论计算苯系统 Wiener 指标的一个线性时间算法在文献[33]中出现, 我们最后是考虑把文献[77]中的结论延伸到所有的 l_1 - 图中.

命题 6.15　令 G 是一个 λ 倍嵌入到超立方体中的有限图, 令 $\mathcal{C}(G)$ 表示定义这个嵌入的凸割的族. 则

$$W(G) = \frac{1}{\lambda} \sum_{\{A,B\} \in \mathcal{C}(G)} |A||B|$$

证明: 我们将重新写出 $W(G)$ 的表达式, 对 G 的任意两个顶点 u,v, 直接计算

$$\lambda d_G(u,v) = \sum_{\{A,B\} \in \mathcal{C}(G)} |A||B|$$

$$W(G) = \frac{1}{2} \sum_{u \in V} \sum_{v \in V} d_G(u,v)$$

$$= \frac{1}{2\lambda} \sum_{u \in V} \sum_{v \in V} \sum_{\{A,B\} \in \mathcal{C}(G)} \delta_{\{A,B\}}(u,v)$$

$$= \frac{1}{\lambda} \sum_{u \in A} \sum_{v \in B} |\{A,B\} \in \mathcal{C}(G)|$$

$$= \frac{1}{\lambda} \sum_{\{A,B\} \in \mathcal{C}(G)} |A||B|$$

由于 $\mathcal{C}(G)$ 中的割的数量通常远远小于点对 (u,v) 的数量, 故这个算式大大简化了 l_1 - 图的 Wiener 指标的计算. 在许多例子中, 可以立刻得到 $W(G)$ 的计算公式. 例如, $W\left(\frac{1}{2}H_n\right) = n2^{2n-5}$, $n \geq 2$. Johnson 图 $J(n,m)$ 由集合 $\{1,2,\cdots,n\}$ 的所有 m 元子集作为它的顶点, 两个顶点相邻, 当且仅当 $|A \triangle B| = 2$. 利用命题 6.15, $J(n,m)$ 的 Wiener 指标计算公式为 $W(J(n,m)) = \frac{1}{2}\binom{n-1}{m}\binom{n-1}{m}$. 同时, 命题 6.15 提供了一个文献[118]的结论 $W\left(Cor(6,q) = \frac{1}{5}(164q^5 - 30q^3 + q)\right)$ 的简单证明. 用文献[77]中的公式, 紧致接近凝结的苯碳氢化合物的组合表达式在文献[68]中被给出.

现在化学图论中有丰富的平面图资源,利用我们的方法可以确立许多化学图的 l_1 - 嵌入性.最后我们给出尺度分别为 5 和 10 的两个化学 l_1 - 图作为最后的结论,见图 6 - 5.

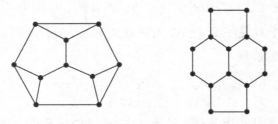

图 6 - 5 l_1 - 嵌入的两个化学图例

第 7 章　团和运算下的 l_1 – 嵌入

在本章中,我们讨论任意两个 l_1 – 图等同一个顶点或通过一条边粘到一起后所得到的新图的 l_1 – 嵌入性.我们在第一部分证明了两个 l_1 – 图的 1 和仍然是 l_1 的.在第二部分证明了两个简单事实,然后证明了当至少有一个是二部图时,两个 l_1 – 图在 2 和运算(即通过粘边)得到的图仍是 l_1 – 图.最后我们给出两个例子,说明两个非二部的 l_1 – 图通过粘边得到的新图可能是 l_1 – 嵌入的,也可能不是 l_1 – 嵌入的.

7.1　团 1 – 和运算

设 d_1 是 X_1 上的距离,d_2 是 X_2 上的距离,假设 $|X_1 \cap X_2| = 1$,$X_1 \cap X_2 = \{x_0\}$.定义 d_1 与 d_2 的 1 – 和为 $X_1 \cup X_2$ 上的距离 d 如下

$$\begin{cases} d(x,y) = d_1(x,y) & x,y \in X_1 \\ d(x,y) = d_2(x,y) & x,y \in X_2 \\ d(x,y) = d_1(x,x_0) + d_2(x_0,y) & x \in X_1, y \in X_2 \end{cases} \tag{7.1}$$

定理 7.1　(1) 设 d 是 d_1 和 d_2 的 1 – 和,则 d 是 l_1 – 嵌入的(或 l_1 – 严格的),当且仅当 d_1 和 d_2 是 l_1 – 嵌入的(或 l_1 – 严格的).

(2) d 是超度量的(或负型的),当且仅当 d_1 和 d_2 是超度量的(或负型的).

证明:(1) 的证明基于下面两个观察:

① 若 $d_1 = \sum\limits_{S \subseteq X_1 \setminus \{x_0\}} \alpha_S \delta(S)$,$d_2 = \sum\limits_{T \subseteq X_2 \setminus \{x_0\}} \beta_T \delta(T)$,那么 $d = \sum\limits_{S \subseteq X_1 \setminus \{x_0\}} \alpha_S \delta(S) + \sum\limits_{T \subseteq X_2 \setminus \{x_0\}} \beta_T \delta(T)$.

② 若 $d = \sum\limits_{A \in \mathcal{A}} \lambda_A \delta(A)$,其中 $\lambda_A > 0$,$A \in \mathcal{A}$,$\mathcal{A}$ 是 $X_1 \cup X_2 \setminus \{x_0\}$,那么对每个 $A \in \mathcal{A}$,$A \subseteq X_1$ 或 $A \subseteq X_2$.这是因为 d 满足三角形等式,即对所有的 $x_1 \in X_1$,$x_2 \in X_2$,$d(x_1,x_2) = d(x_1) + d(x_0,x_2)$ 成立.因此,$d_i = \sum\limits_{A \in \mathcal{A}} \lambda_A \delta(A)$,$i = 1,2$.

我们证明(2)对超度量的情况成立(对负型情况的证明类似). 空间 (X_1, d_1) 是 $(X_1 \bigcup X_2, d)$ 的一个子空间,因此当 $(X_1 \bigcup X_2, d)$ 是超度量的时,它就是超度量的. 现在假设 (X_1, d_1) 和 (X_2, d_2) 是超度量的. 令 $b \in \mathbb{Z}^{X_1 \bigcup X_2}$,其中 $\sum\limits_{x \in X_1 \bigcup X_2} b_x = 1$. 定义 $a \in \mathbb{Z}^{X_1}, c \in \mathbb{Z}^{X_2}, a_x := b_x, x \in X_1 \backslash \{x_0\}, a_{x_0} := \sum\limits_{x \in X_2} b_x, c_x := b_x$,其中 $x \in X_2 \backslash \{x_0\}, c_{x_0} := \sum\limits_{x \in X_1} b_x$. 那么

$$\sum_{x, y \in X_1 \bigcup X_2} b_x b_y d(x, y) = \sum_{x, y \in X_1} a_x a_y d_1(x, y) + \sum_{x, y \in X_2} c_x c_y d_2(x, y) \leqslant 0$$

这就证明了 $(X_1 \bigcup X_2, d)$ 是超度量的. ■

对于图中的距离来说,这里的 1 - 和运算对应图的团 1 - 和运算. 也就是说,如果 G_1 和 G_2 是两个连通图,G 是它们的团 1 - 和(把图 G_1 中的一个顶点与 G_2 中的一个顶点等同起来,记它为 x_0),则 G 的路度量与 G_1 和 G_2 的路度量的 1 - 和是一致的.

7.2 团 2 - 和运算

接下来我们考虑两个 l_1 - 图在团 2 - 和运算(即粘边运算)下所得新图的 l_1 - 嵌入性.

7.2.1 两个简单的事实

这里先回顾一下 l_1 - 图的等价定义:图 G 是 l_1 - 图当且仅当存在正整数 λ 和 n,G 可以 λ 倍地嵌入到超立方图 Q_n 中. 用符号表示成 $G \rightarrow \dfrac{1}{\lambda} Q_n$.

图 G 的任何一个把顶点集 V 分成两非空部分的划分 $C = \{A, B\}$ 都称为 G 的一个割. 如果 G 的导出子图 $\langle A \rangle$ 和 $\langle B \rangle$ 都是凸的,则称割 $\{A, B\}$ 为一个凸割. 图 G 的一个割 $\{A, B\}$ 割开边 uv,如果 $u \in A$ 且 $v \in B$. 否则,称割 $\{A, B\}$ 没有割边 uv. 割 $\{A, B\}$ 的边集 $E(A, B) = \{uv \in E(G) | u \in A, v \in B\}$. 从文献[10,43]中我们知道一个 l_1 - 图可以用凸割的方法来刻画如下:

引理 7.2[10,43]   图 G 可以 λ 倍地嵌入到某个超立方图中当且仅当存在 G 的一个凸割族 $\mathcal{C}(G)$(其中的元素可以重复),使得 G 的每条边恰好被 $\mathcal{C}(G)$ 中的 λ 个割割开.

用割的方法,我们很容易发现下面两个事实:

事实 1　如果图 G 可以 λ 倍地嵌入到某个超立方图中,则对任意的正整数 r,G 也可以 $\lambda \cdot r$ 倍地嵌入到某超立方图中.

证明: 因为 G 可以 λ 倍地嵌入到某个超立方中,则由引理 10.5,存在 G 的一个凸割族 $\mathcal{C}(G)$(其中的凸割可能相同),使得 G 的每条边都恰好被 $\mathcal{C}(G)$ 中的 λ 个割割开.令 r 是一个正整数.把上面刚取的 $\mathcal{C}(G)$ 中的凸割重复取 r 次,则 G 的每条边恰好可以被凸割族 $\mathcal{C}(G)$ 中的 $\lambda \cdot r$ 个凸割割开.再利用引理 10.5,G 可以 $\lambda \cdot r$ 倍地嵌入到某个超立方图中.　∎

事实 2　对任意的非负整数 k,如果 $G \xrightarrow{\ } \frac{1}{\lambda} Q_n$,则 $G \xrightarrow{\ } \frac{1}{\lambda} Q_{n+k}$.

证明: 由题设 G 可以 λ 倍地嵌入到超立方图 Q_n 中,则存在 $V(G)$ 到 $V(Q_n)$ 的一个映射 φ 使得对 G 的任意两点 u, v,有

$$\lambda \cdot d_G(u, v) = d_{Q_n}(\varphi(u), \varphi(v))$$

令 k 是任意一个非负正整数,则存在从 $V(Q_n)$ 到 $V(Q_{n+k})$ 的一个自然映射 ψ 定义如下

$$\psi : V(Q_n) \to V(Q_{n+k})$$

$$u = (u_1, u_2, \cdots, u_n) \mapsto \psi(u) = (u_1, u_2, \cdots, u_n, \underbrace{0, 0, \cdots, 0}_{k})$$

显然,$d_{Q_n}(u, v) = d_{Q_{n+k}}(\psi(u), \psi(v))$.这样,$\psi$ 和 φ 的复合映射 $\psi\varphi$ 是从 $V(G)$ 到 $V(Q_{n+k})$ 的一个映射满足

$$d_{Q_{n+k}}(\psi\varphi(u), \psi\varphi(v)) = d_{Q_n}(\varphi(u), \varphi(v)) = \lambda \cdot d_G(u, v)$$

因此,G 可以 λ 倍地嵌入到超立方图 Q_{n+k} 中,即 $G \xrightarrow{\ } \frac{1}{\lambda} Q_{n+k}$.　∎

7.2.2　团 2 – 和运算下图的 l_1 – 嵌入

在本节我们考虑两个 l_1 – 图在团 2 – 和运算(通过一条边粘到一起之后)下得到的图的 l_1 – 嵌入性.

下面我们定义两个图的一种粘边运算,两个图的粘边示意图如图 7 – 1 所示.设 $G_1 = (V_1, E_1)$ 和 $G_2 = (V_2, E_2)$ 是两个图.假设 $e_1 = a_1 b_1 \in E_1$,$e_2 = a_2 b_2 \in E_2$.我们把 e_1 和 e_2 重合起来作为一条新边 $e = ab$,其中 $\{a, b\} = \{a_1 = a_2, b_1 = b_2\}$ 或 $\{a, b\} = \{a_1 = b_2, b_1 = a_2\}$.进一步我们假设 $V_1 \setminus \{a_1, b_1\}$ 中的任何一个顶点都和 $V_2 \setminus \{a_2, b_2\}$ 的顶点不连边.最后 G_1 和 G_2 把 e_1 和 e_2 粘到一起而得到的新图我们

记为 $G_1 \bigcup_e G_2$.

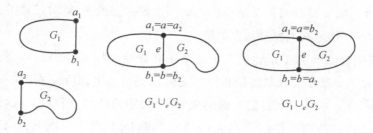

图 7-1　两个图的粘边运算示意图

顶点子集 $S \subset V$ 称为一个点割,如果在图 $G=(V,E)$ 中把 S 中的顶点及其关联的边去掉后,图的连通分支数增加.显然图 $G_1 \bigcup_e G_2$ 的点集 $\{a,b\}$ 是它的一个点割.

定理 7.3　设 G 和 H 是两个 l_1 - 图,e_1 和 e_2 分别是 G 和 H 中的一条边.如果 G 和 H 至少有一个是二部的,则 $G \bigcup_e H$ 是 l_1 - 图.

证明:设 $e=ab$ 是 $G \bigcup_e H$ 中的一条边,它是 e_1 和 e_2 重合后所得到的边.

首先,我们将证明 G 或 H 的没有割开边 e 的每一个凸割可以导出 $G \bigcup_e H$ 的一个凸割.

假设 $\{A_1, B_1\}$ 是 G 的一个没有割开边 e 的凸割,其中 $a,b \in B_1$.下面我们证明 $\{A_1, B_1 \bigcup V(H)\}$ 是 $G \bigcup_e H$ 的一个凸割.

假设 $x,y \in A_1$.对任意一条最短的 x,y - 路 P,$V(P) \bigcap (V(H) \backslash \{a,b\}) = \varnothing$.否则,设 z 是 $(V(H) \backslash \{a,b\})$ 中的一个点,则 $d_{G \bigcup_e H}(a,z) + d_{G \bigcup_e H}(z,b) > d_{G \bigcup_e H}(a,b)$.把 P 上从 a 到 b 的一段用边 ab 替换下来,我们就得到一条比 P 更短的 x,y - 路,矛盾.因此 P 完整地落在 G 中,也就是说,P 是 G 中一条最短的 x,y - 路.又由于 A_1 在 G 中是凸的,P 的所有的顶点一定都在 A_1 中,因此 A_1 在 $G \bigcup_e H$ 中也是凸的.

假设 $x,y \in B_1 \bigcup V(H)$.如果 x 和 y 都在 B_1 中,设 P 是 $G \bigcup_e H$ 中任意一条最短的 x,y - 路.类似地,有 $V(P) \bigcap (V(H) \backslash \{a,b\}) = \varnothing$.因此 P 完整地落在 G 中,即 P 是 G 中一条最短的 x,y - 路.又由于 B_1 在 G 中是凸的,P 的所有的顶点一定都在 B_1 中,因此 $V(P) \subset B_1 \subset B_1 \bigcup V(H)$.如果 $x \in B_1, y \in V(H)$,仍设 P 为 $G \bigcup_e H$ 中一条最短的 x,y - 路.则 P 必经过顶点 a 或 b.不妨设经过顶点 b,则 $d_{G \bigcup_e H}(x,b) + d_{G \bigcup_e H}(b,y) = d_{G \bigcup_e H}(x,y)$.故 P 上从 x 到 b 的一段(记它为 P_{xb})是 $G \bigcup_e H$ 中一条最短的 x,b - 路.由于 $x,b \in B_1$,与上面的进行相同的讨论,我们有

$V(P_{xb}) \cup A_1 = \varnothing$. 容易看出, 从 b 到 y 的 P 的另一段完全落在 H 中. 于是 P 上所有的顶点都位于 $B_1 \cup V(H)$ 中, 因此 $B_1 \cup V(H)$ 是 $G \cup_e H$ 的一个凸集合.

同理, 我们可以证明 H 的一个没有割开边 e 凸割可以导出 $G \cup_e H$ 的一个凸割.

我们考虑 G 和 H 把边 e 割了的凸割. 因为 G 和 H 都是 l_1 - 图, e 被 G 的凸割 $C_1 = \{A_1, B_1\}$ 割开的同时 e 被 H 的一个凸割 $C_2 = \{A_2, B_2\}$ 割开. 不妨设 $a \in A_1 \cap A_2$, 同时 $b \in B_1 \cap B_2$. 接下来我们证明 $\{A_1 \cup A_2, B_1 \cup B_2\}$ 是 $G | H$ 的一个凸割, 即对 $A_1 \cup A_2$ 任意的两点 x, y (或 $B_1 \cup B_2$ 中的点 x, y), 所有的最短的 x, y - 路都完全落在 $A_1 \cup A_2$ (或 $B_1 \cup B_2$) 中. 假设 $x, y \in A_1$, P 是 $G \cup_e H$ 中一条最短的 x, y - 路. 我们知道 $V(P) \cap V(H) = \varnothing$. 因此, P 完全落在 G 中且它也是 G 中一条最短的 x, y - 路. 因为 A_1 在 G 中是凸的, 所以 P 完全落在 A_1 中.

下面假设 $x \in A_1$ 而 $y \in A_2$. 由于 A_1 在 G 中是凸的, B_1 在 H 中是凸的, 则有 $d_G(x, b) \geqslant d_G(x, a)$ 和 $d_H(b, y) \geqslant d_H(a, y)$ 成立. 由题设知, G 或 H 是二部图, 不妨设 G 是二部的. 则 $d_G(x, b) > d_G(x, a)$. 容易看出, 对任意的点 $x, y \in V(G)$ (或 $V(H)$), $d_G(x, y) = d_{G \cup_e H}(x, y)$ (或 $d_H(x, y) = d_{G \cup_e H}(x, y)$). 又根据 $G \cup_e H$ 的构造, 我们知道 $\{a, b\}$ 是 $G \cup_e H$ 的一个点割, 因此

$$d_{G \cup_e H}(x, y) = d_{G \cup_e H}(x, a) + d_{G \cup_e H}(a, y)$$

或

$$d_{G \cup_e H}(x, y) = d_{G \cup_e H}(x, b) + d_{G \cup_e H}(b, y)$$

如果

$$d_{G \cup_e H}(x, y) = d_{G \cup_e H}(x, b) + d_{G \cup_e H}(b, y)$$

则

$$
\begin{aligned}
d_{G \cup_e H}(x, y) &= d_{G \cup_e H}(x, b) + d_{G \cup_e H}(b, y) \\
&= d_G(x, b) + d_H(b, y) \\
&> d_G(x, a) + d_H(a, y) \\
&= d_{G \cup_e H}(x, a) + d_{G \cup_e H}(a, y) \\
&\geqslant d_{G \cup_e H}(x, y)
\end{aligned}
$$

矛盾. 于是 $G \cup_e H$ 中所有的最短的 x, y - 路 P 一定经过 a. 同时 $a \in A_1 \cap A_2$, A_1 在 G 中是凸的, A_2 在 H 中是凸的, 所以任意一条最短的 x, a - 路上的点都落在 A_1 中, 同时任意一条最短的 a, y - 路上的点都落在 A_2 中. 因此 P 上所有的顶点都落在 $A_1 \cup A_2$ 中, 则 $A_1 \cup A_2$ 在 $G \cup_e H$ 中是凸的.

类似地,我们可以证明 $B_1 \cup B_2$ 在 $G \cup_e H$ 中也是凸的.

假设 G 是可以 λ 倍地嵌入到某个超立方图,H 可以 η 倍地嵌入到另一个超立方图中.由事实 1,G 可以 $\lambda \cdot \eta$ 倍地嵌入到某个超立方图中,图 H 也可以 $\eta \cdot \lambda$ 倍地嵌入到某个超立方图中.由引理 10.5,存在 G 的一个凸割族 $\mathcal{C}_1$,使得 G 的每条边恰好被 $\mathcal{C}_1$ 中的割割了 $\lambda\eta$ 次;存在 H 的一个凸割族 $\mathcal{C}_2$,使得 H 的每条边恰好被 $\mathcal{C}_2$ 中的割割了 $\lambda\eta$ 次.

设在 $\mathcal{C}_1$ 中把边 e 割 $\lambda\eta$ 次的凸割记为 $C_1, C_2, \cdots, C_{\lambda\eta}$,$\mathcal{C}_2$ 中把边 e 割 $\lambda\eta$ 次的凸割记为 $C_1', C_2', \cdots, C_{\lambda\eta}'$.由前面的证明我们知道,从 $C_i = \{A_i, B_i\}$ 和 $C_i' = \{A_i', B_i'\}$($1 \leqslant i \leqslant \lambda\eta$)构造的凸割 $\{A_i \cup A_i', B_i \cup B_i'\}$ 是 $G \cup_e H$ 中割开边 e 的凸割,G 和 H 的其他不割边 e 的凸割还是 $G \cup_e H$ 的凸割.因此,凸割 $\{A_i \cup A_i', B_i \cup B_i'\}$($1 \leqslant i \leqslant \lambda\eta$)与 G 和 H 的不割边 e 的凸割放到一起就构成 $G \cup_e H$ 的一个凸割族,使得 $G \cup_e H$ 每条边都被其中的凸割割了 $\lambda\eta$ 次.故 $G \cup_e H$ 可以 $\lambda\eta$ 倍地嵌入到某个超立方图中.结论成立. ∎

令人遗憾的是,对于两个非二部 l_1 - 图 G 和 H,图 $G \cup_e H$ 可能是一个 l_1 - 图,也可能不是.例如,图 7-2 中的 G 和 H 以及图 7-3 中的 G_1 和 H_1 都是非二部的 l_1 - 图.通过 $(0,1)$ - 序列给顶点的标号伴随着图形已经给出.但是图 $G \cup_e H$ 是 l_1 - 图而 $G_1 \cup_e H_1$ 不是.

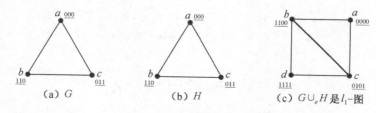

图 7-2　两个 l_1 - 图通过一条边粘到一起后还是一个 l_1 - 图

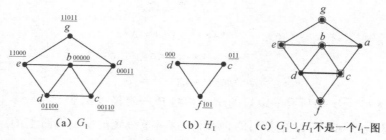

图 7-3　两个 l_1 - 图通过一条边粘到一起后不是一个 l_1 - 图

图 $G \cup_e H$ 的 l_1 - 嵌入性很容易证明且顶点的标号也已经给出. 下面我们证明图 $G_1 \cup_e H_1$ 不是一个 l_1 - 图. 在图 7 - 3(c)中, 经简单计算, 有 $d(g,b) = d(b,f) = 2$, $d(g,f) = 3$, $d(e,c) = 2$, $d(e,g) = d(e,b) = 1$, $d(e,f) = 2$, $d(c,g) = 2$, $d(c,b) = d(c,f) = 1$. 显然,

$$(d(g,b) + d(b,f) + d(g,f)) + d(e,c) = (2 + 2 + 3) + 2 = 9$$

但

$$(d(e,g) + d(e,b) + d(e,f)) + (d(c,g) + d(c,b) + d(c,f))$$
$$= (1 + 1 + 2) + (2 + 1 + 1) = 8$$

这表明这五个顶点 e, c, g, b 和 f 违反了五边形不等式. 因此, 由命题 2.16, $G_1 \cup_e H_1$ 不是一个 l_1 - 图.

注 7.4　因为图 G 的一条边肯定在 G 中是凸的, 所以图 7 - 3(c)中的 $G_1 \cup_e H_1$ 也说明了两个 l_1 - 图即使沿着一个凸子图粘到一起也不能保证得到的图仍是 l_1 - 图.

注 7.5　在文献[31]中, 作者指出在一般情况下, 两个平面的 l_1 - 图通过一个等距离面粘到一起后所得到的图不一定保持 l_1 - 嵌入性. 图 7 - 4 中的图形 $G_1 \cup_e H_1$ 也可以看成是图 $G \cup_e H$ 与图 G_1 是通过一个凸的面圈(3 - 长圈)粘到一起的(见图 7 - 4). 由上可知, 此图不是 l_1 - 图. 因此, 图 7 - 4 给出了两个平面的 l_1 - 图即使通过一个凸(等距离)的面圈粘起来所得到的图也不是 l_1 - 图的例子.

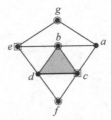

图 7 - 4　**图 7 - 2(c)中的图 $G \cup_e H$ 和图 7 - 3(a)中的图 G_1 通过一个凸子图(3 - 长圈) 粘到一起不是一个 l_1 - 图(其中的阴影部分是图 $G \cup_e H$ 和 G_1 所粘的部分)**

一个自然的问题是: 在什么条件下两个非二部的 l_1 - 图通过任意粘贴一条边后所得到的新图仍然是一个 l_1 - 图呢?

第8章 化学分子图的 l_1 - 嵌入

8.1 苯图的嵌入

8.1.1 苯图在超立方体图的等距离嵌入

在化学图论中,有很多分子拓扑指标是定义在图的顶点距离之上的. 最有名的就是 Wiener 指标和 Balaban 指标. 苯图也称为苯系统,在数学上也称为六角系统. 一个苯系统 G 是指一个有限的没有割点的连通平面图,其中每个内面恰好被一个边长为 1 的正六边形所包围. 平面上的一个直线段 C(两个端点分别是 P_1 和 P_2)称为一个割段,如果 C 与三个边的方向中一个是垂直的,P_1 和 P_2 都是一条边的中心,且从 G 中删掉所有的与 C 相交的边后生成的图恰好有两个分支. 割段 C 的一个基本割是所有与 C 相交的边的集合. 我们用 C_{uv} 表示包含边 uv 的基本割. 在图 8-1 中,表示了一个割段 C,e_1,e_2,e_3 是对于基本割的三条边.

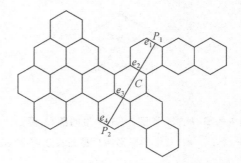

图 8-1 割段

设 Σ 表示一个有限的字符表,w_1,w_2 是 Σ 中的两个等长的字符. 则 w_1 和 w_2 之间的海明距离(Hamming distance)$H(w_1,w_2)$,定义为 w_1 和 w_2 中不同的位置的个数. 一个图 G 称为海明图(Hamming graph),如果 G 的每个顶点 v 都可以用一个固定长度的字符 $l(v)$ 来标号,使得对任意的 $u,v \in V(G)$,有:

$$H(l(u),l(v))=d_G(u,v)$$

任何一个这样的标号称为经典标号. 这里 $d_G(u,v)$ 表示通常的图 G 中 u 和 v 之间的最短路的长度. 特别的, 如果 $\Sigma=\{0,1\}$, 称为二维海明图, 即是我们前面研究的超立方体图.

这里回忆一下, 图 G 的子图 H 称为凸的, 如果它是连通的, 且 H 的任何两个顶点在 G 中的最短路都完全落在 H 中. 对图 G 的一条边 uv, 我们用 W_{uv} 表示图 G 中距离到 u 比到 v 更近的点的集合, 即

$$W_{uv}=\{w\,|\,w\in V(G),d_G(w,u)<d_G(w,v)\}$$

对二部图来说, W_{uv} 和 W_{vu} 构成了 $V(G)$ 的一个划分.

定理 8.1[54]　一个图 G 是超立方体图, 当且仅当 G 是二部的, 且对 G 的任意一条边 uv, W_{uv} 和 W_{vu} 导出 G 的两个凸子图.

定理 8.2　一个苯系统是一个超立方体图.

证明: 设 G 是一个苯系统, 根据文献[67], 我们知道 G 是二部图. 那么利用定理 8.1, 我们只需要证明对 G 的任何一条边 uv, W_{uv} 和 W_{vu} 导出图 G 的凸子图.

考虑基本割 C_{uv}. 图 $G\backslash C_{uv}$ 由两个连通分支构成, 而且容易看出恰好正是由集合 W_{uv} 和 W_{vu} 导出的图.

最后, 我们想要证明 W_{uv} 导出的图是 G 的凸子图. 用反证法. 假设不是, 则存在两个顶点 $x,y\in W_{uv}$ 以及连接 x 和 y 的一条最短路 P, P 不完全在 W_{uv} 中. 假设 $P=Qu'v'Q'v''u''Q''$, 其中 $u'v'$ 和 $v''u''$ 是基本割 C_{uv} 的两条边, Q 是 W_{uv} 中连接 x 和 u' 的一条最短路, Q' 是 W_{vu} 中连接 v' 和 v'' 的一条最短路, Q'' 是 W_{uv} 中连接 u'' 和 y 的一条最短路. 然而在 u' 和 u'' 之间存在唯一的一条最短路 (完全落在 W_{uv} 中), 这条最短路沿着基本割 C_{uv}. 这说明 P 不是一条最短路, 矛盾. ■

由于一个苯系统是二维海明图, 所以人们会想最后得到一个相应的标号. 下面我们给出一个很容易手工执行的算法.

假设 $C_1,C_2,\cdots,C_k$ 是苯系统 G 的基本割. 设 G_i^0 和 G_i^1 是图 $G\backslash C_i$ 的两个连通分支, $1\leqslant i\leqslant k$. 定义标号:

$$l:V(G)\rightarrow\{0,1\}^k$$

用下面的方式: 对 $u\in V(G)$, 设 $l_i(u)$ 表示 $l(u)$ 的第 i 个分量, 定义为

$$l_i(u)=\begin{cases}0 & u\in G_i^0\\ 1 & u\in G_i^1\end{cases}\tag{8.1}$$

因此, $l(u)=(l_1(u),l_2(u),\cdots,l_k(u))$. 我们断言 l 是 G 的一个经典标号. 为了证

明这点,我们首先需要引理 8.3. 它的证明与定理 8.2 的后面部分的证明相类似,这里我们就不重复了.

引理 8.3　设 G 是一个苯系统,C 是 G 的一个基本割.u 和 v 是 G 的两个顶点.如果 P 是 G 中一条最短的 u,v – 路,则 $|P \bigcap C| \leqslant 1$.

现在我们有下面的定理.

定理 8.4　对苯系统 G 的任意两个顶点 u 和 v,有:
$$H(l(u),l(v)) = d_G(u,v)$$

证明:假设 P 是 u 和 v 之间的任意一条最短路.由引理 8.3,P 的每条边属于 G 的不同的基本割.因此 $l(u)$ 和 $l(v)$ 至少有 P 的边数个不同的分量.换句话说,$H(l(u),l(v)) \geqslant d_G(u,v)$.

为了证明另一方面,考虑 G 的任何一个与 P 没有公共边的基本割 C_i.因为 $G \backslash C_i$ 有两个分支,P 完全落在其中一个分支中,因此,$l_i(u) = l_i(v)$,这样 $l(u)$ 和 $l(v)$ 至多有 P 的边数多的分量不同,即 $H(l(u),l(v)) \leqslant d_G(u,v)$.

将两个不等式联合起来,即可得证.　∎

8.1.2　苯图在三棵树的卡式积中的嵌入

设 G 是被一个简单的圈 B 所围成的苯图.E_1,E_2 和 E_3 表示 G 的给定方向的边.设 C 是一个割段,我们称 C 分离开不同分支中的任意两个顶点.G 的所有的割段的集合可以分成三个子集族 $\mathcal{C}_1(G)$,$\mathcal{C}_2(G)$ 和 $\mathcal{C}_3(G)$,每个由相互平行的割段构成.显然,E_i 的每条边与 $\mathcal{C}_i(G)$ 中的一个割段相交($i=1,2,3$).删除 E_i 的所有的边,我们得到一个图 G_i,G_i 的所有的分支都是路,端点都在 B 上.容易证明,每条这样的路都是最短路.进一步,它是端点 x 和 y 之间的唯一的一条最短路.事实上,考虑边界顶点 x 和 y 之间的另一条路 L,不在 G_i 的这样一条路 P 上,那么 L 必须至少包含 E_i 的一条边.另一方面,$\mathcal{C}_i$ 的每个与 P 相交的割也与 L 的一条边相交.这就证明了 L 的边比 P 更多.

定义图 T_i,顶点是 G_i 的连通分支,两个分支 P' 和 P'' 相邻,当且仅当存在两个顶点 $u \in P'$ 和 $v \in P''$ 满足边 uv 与 $\mathcal{C}_i(G)$ 的一个割段相交.图 8-3 是图 8-2 的一个树因子图.

因为 G 是约当曲线 B 所包围的,故每个 T_i 是一棵树(T_i 中如果存在一个圈,则 G 包含一个非六边形面).这就导出图 G 到卡式积 $H = T_1 \times T_2 \times T_3$ 中的经典嵌入 α.对图 G 的任意一个顶点 v,有:

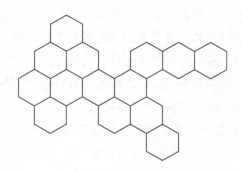

图 8 - 2　苯系统

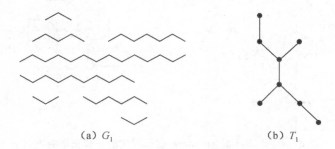

(a) G_1　　　　　　　　　　(b) T_1

图 8 - 3　树因子的示意图

$$\alpha(v) = (P, Q, R)$$

其中,P,Q 和 R 分别是共享顶点 v 的 G_1,G_2 和 G_3 的连通分支.

我们断言 α 是 G 到 H 的一个等距离嵌入. 为了证明这点,任选 G 的两个顶点 x 和 y,假设 $\alpha(x) = (P', Q', R')$,$\alpha(y) = (P'', Q'', R'')$.

首先我们知道顶点 x 和 y 被 $\mathcal{C}_1$ 中的 $d_{T_1}(P', P'')$ 个割段分离开,恰好被 $\mathcal{C}_2$ 中的 $d_{T_2}(Q', Q'')$ 个割段分离、被 $\mathcal{C}_3$ 中的 $d_{T_3}(R', R'')$ 个割段分离(例如,$d_{T_1}(P', P'')$ 是连接 P' 和 P'' 的 T_1 的唯一的路所含的边数). 因此,为了完成证明只需证明顶点 x 和 y 恰好被 G 的 $d_G(x, y)$ 个割段分离. 取连接 x 和 y 的任意一条最短路 L. 分离 x 和 y 的任意一个割段 C 一定和 L 至少相交一条边. 如果 $C \in \mathcal{C}_i$ 与 L 的两条边 (u', v') 和 (u'', v'') 相交,则我们得到一个矛盾. 事实上,对这样的两条边,如果 u' 和 u'' 取自 G_i 的同一个分支,则 u' 和 u'' 被至少两条最短路相连接.

因此,α 拥有距离保持的性质. 为了对 G 的顶点进行标号,我们进行如下操作:对一个给定的边的方向 i,首先我们找到每个 $E_i(i = 1, 2, 3)$ 的边(当 G 的一个通常表示作为一个双链接列表给出的时候,这点可以完成). 更确切地,对于给定的一个割段 $C \in \mathcal{C}_i$,与这样的边的数目时间上成正比的情况下,我们可以列出与 C

相交的所有的边.所有的这些都可以用来构造 G_i 的分支.标号以后我们可以找到我们所需要的这些标号(比如定义的数 T_i)之间的关联关系.图 G 的顶点 v 的第 i 个分量($i=1,2,3$)是 G_i 的 v 所在的连通分支的标号.若 G 包含 n 个顶点,则所有的这些计算可以在 $O(n)$ 时间内完成.这算法的最后输出为树 T_1,T_2 和 T_3,G 的顶点为 3 - 长的标号.因此,我们有下面的结果.

定理 8.5 映射 α 是 n 个顶点的苯系统 G 到图 $H=T_1 \times T_2 \times T_3$ 的等距离嵌入.因子 T_1,T_2 和 T_3,与 G 的顶点的相应的标号一样在 $O(n)$ 操作运算下可以计算得出.

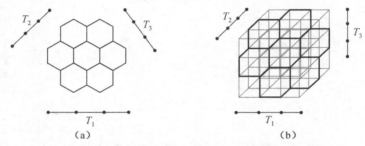

(a)　　　　　　　　(b)

图 8 - 4 六苯并苯(coronene)在三棵树的卡式积中的嵌入

8.2 冠状苯系统的 l_1 - 嵌入

苯系统的一个子图 G 称为冠状苯系统[35],如果 G 至少有一个非六边形的内面(或称之为"洞")且每条边包含在 G 的一个六边形中.苯系统和冠状苯系统广泛地应用于苯烃和冠状烃类的研究[35,67],因为它们自然地是苯烃和冠状烃的分子结构的骨架表示.例如,苯系统和冠状系统分别如在图 $8 - 5$ 中表示.

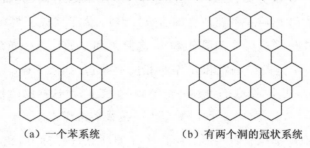

(a) 一个苯系统　　　　　　(b) 有两个洞的冠状系统

图 8 - 5

在本节中我们给出张和平和徐守军[122]给出的关于冠状苯系统的一个重要结论:

定理 8.6 冠状苯系统均不能等距离嵌入到 n - 方体 Q_n 中.

一个凸本原冠状系统 G 是恰好只有一个洞的冠状系统且 G 的每个六边形与这个洞共享一条或者两条边. 冠状系统的内对偶是一个平面图:在每个六边形的中心放一个顶点,两个中心连一条边,当两个六边形共享一条边时(也称两个六边形是相邻的). 设 G 是一个凸本原冠状系统. 因为每个六边形恰好与 G 中的两个六边形相邻,G 的内对偶恰好是一个多边形;由于"锯齿形"的线段都是转向洞的,且正好对应多边形的角. 我们可以用内对偶的概念给出凸本原冠状系统的一个等价定义. 一个冠状系统称为凸本原的,如果它的内对偶是一个凸多边形(六边形). 显然,任意一个凸本原冠状系统包含一个与洞共享两条边的六边形. 例如,图 8-6 中给出的就是一个凸本原冠状系统.

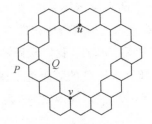

图 8-6 一个凸的本原冠状系统,P 和 Q 是 u 和 v 之间的路

引理 8.7 设 G 是一个凸本原冠状系统,Z 是 G 的洞的边界. 则 Z 是 G 的一个凸子图.

证明:反证法. 假设 Z 在 G 中不是凸的. 则存在 Z 的两个顶点使得它们在 G 中的某条最短路没有完全落在 Z 中. 我们选择这样的一对顶点 u 和 v 使得 $d_G(u,v)$ 尽可能小.

设 $P = vv_1v_2 \cdots sv_mu$ 是 G 中这样的一条最短路. 则 $v_1, v_2, \cdots, v_m \in V(G) \setminus V(Z)$. 否则,$v_i \in V(Z)$ 对某个 $1 \leqslant i \leqslant m$,且最短路 $vv_1 \cdots v_i$ 和 $v_i \cdots v_mu$ 中的一条包含 Z 之外的一个顶点,这与 $d_G(u,v)$ 的最小性相矛盾.

我们选择 u 和 v 之间的完全落在 Z 中的一条路 Q 使得圈 $P \cup Q$ 的内部不包含 G 的洞(见图 8-6). 令 L 是 G 的由 $P \cup Q$ 连同其内部构成的子图. 则 L 是一个六边形链,即内对偶是一条路. 因为 G 是一个凸本原冠状系统,L 的每个终端的六边形与 Q 至多有两条公共边,与 P 至少有三条公共边;L 的其他的每个六边形与 P 至少有两条公共边. 因此,P 的长度不小于 Q 的长度加 2,这样就与 P 是 G 中的一条最短路相矛盾. 因此,Z 是 G 的一个凸子图. ■

引理 8.8 设 H_i 是一个凸本原冠状系统,洞的边界为 Z_i, $i=1,2,\cdots,k$, 满足 $H_{j+1}\backslash V(Z_{j+1})=Z_j$, 对所有的 $1\leqslant j\leqslant k-1$, 那么 H_k 是 $G_k=H_1\bigcup H_2\cdots\bigcup H_k$ 的一个等距离子图.

证明:对 k 进行归纳. 当 $k=1$ 时是平凡的. 假设结论对 $k-1$ 成立, 即 H_{k-1} 是 G_{k-1} 的一个等距离子图. 根据归纳假设和引理 8.7, 则 Z_{k-1} 是 G_{k-1} 的一个等距离子图. 因为 v 在 G_k 中的邻点集是在 $V(H_{k-1})(=V(Z_{k-1})\bigcup V(Z_k))$ 中的, 对 Z_k 的任意顶点 v, H_k 是 G_k 的一个等距离子图. ■

从现在开始, 令 G 是一个洞 f 的边界为 Z 的冠状系统. 我们记 G_Z 是 G 中与 Z 相交的所有的六边形构成的图. 用 $\mathscr{C}$ 表示使 f 落在其内部的所有的最短圈的集合. 显然, 任何 $C\in\mathscr{C}$ 至少长度为 8.

推论 8.9 如果 G_Z 是一个凸本原冠状系统, 则 G_Z 是 G 的一个等距离子图.

证明:在 G 中我们添加若干六边形使得所得图 G' 等于 G_k, 对引理 8.7 中的某个 k, 且 $H_k=G_Z$. 根据引理 8.7 和 $G\subset G'$, 我们易得推论 8.9 成立. ■

引理 8.10 (1) $\mathscr{C}$ 中的每个圈是 G 的等距离子图, 且

(2) 对 G 的一个六边形 S, 若 S 与 $C\in\mathscr{C}$ 相交, 则交 $S\cap C$ 是一条长度至多为 3 的路.

证明:(1) 反证法. 假设对某个 $C\in\mathscr{C}$, 存在 C 的两个顶点 u 和 v 使得 $d_G(u,v)<d_C(u,v)$. 我们选择这样的一对顶点 u 和 v 使得 $d_G(u,v)$ 尽可能小. 设 P 是 G 中 u 和 v 之间的一条最短路, 则 P 只有顶点 u 和 v 是与 C 公共的. 否则, 设 x 是 P 的一个内点落在 C 中. 则 $d_G(u,x)=d_C(u,x)$ 且 $d_G(x,v)=d_C(x,v)$; 否则, 将与 u 和 v 的选择矛盾. 因此 $d_G(u,v)=d_G(u,x)+d_G(x,v)=d_C(u,x)+d_C(x,v)\geqslant d_C(u,v)$, 矛盾.

令 P_1 和 P_2 是 u 和 v 之间 C 的两条路. 则 P 比 P_1 和 P_2 都短. 因此 $P\bigcup P_1$ 和 $P\bigcup P_2$ 都是比 C 更短的圈. 但是 $P\bigcup P_1$ 或 $P\bigcup P_2$ 包含面 f 在其内部, 矛盾.

(2) 对 G 的一个与 C 相交的六边形 S, 交 $S\cap C$ 至少有一条边. 由 S 的凸性及 (1), $S\cap C$ 是连通的, 因此是一条路. 如果 $S\cap C$ 至少是 4 长的, $S\cap C$ 存在两个顶点 x 和 y 使得 $d_C(x,y)=4$, $|V(C)|\geqslant8$, 则 $d_G(x,y)=d_S(x,y)\leqslant2$, 且 $d_C(x,y)\neq d_G(x,y)$, 与引理 8.10(1) 矛盾. 因此 $1\leqslant|E(S\cap C)|\leqslant3$. ■

在 $\mathscr{C}$ 中, 我们选择一个圈, 记为 C_0, 使得包含在 C_0 内的 G 的六边形个数最少, 则我们有引理 8.11.

引理 8.11　在 C_0 内没有与 C_0 相交 3－长路的六边形.

证明：反证. 假设 C_0 内存在 G 的一个六边形 S 使得 $S \cap C$ 有条路长度是 3. 从 $S \cup C$ 中把 $S \cap C$ 的内部删掉，我们可得另一个圈 $C' \in \mathcal{C}$. 显然，C' 在其内部所含的六边形个数比 C_0 的少，与 C_0 的选择相矛盾. ■

引理 8.12　如果 $C_0 = Z$，那么要么存在一个六边形与 Z 相交于 3－长路，要么 G_Z 是一个凸本原冠状系统.

证明：容易从引理 8.10(2)和定义直接得到. ■

引理 8.13　如果 $C_0 \neq Z$，则在 C_0 之外存在一个六边形与 C_0 交于一条 3－长路，或者在 C_0 内存在一个六边形与 C_0 交于一条 2－长路.

证明：假设 G 在 C_0 之外没有与 C_0 交于 3－长路的六边形，我们只须证明在 C_0 内存在一个六边形交于 C_0 一条 2－长路.

因为 $C_0 \neq Z$，我们在 C_0 内选择一个六边形 S_1 与 C_0 相交. 由引理 8.11，我们可以假设 S_1 与 C_0 只交于一条边（例如边 12）（见图 8-7）. 在 C_0 上与 1 和 2 相邻的其他顶点分别记为 3 和 4. 令 S_2 拥有边 12,13 和 24 的一个六边形（见图 8-7）. 则 S_2 在 C_0 之外，通过上面的假设和引理 8.10(2)，S_2 不是 G 的一个六边形. 因此，令 S_3, S_4 是 G 中分别含边 12 和 24 的六边形，设 5 是 S_3 中 3 的不同于 1 的邻点. 同样地，也可以定义顶点 6（见图 8-7）. 如果 5 或 6 是在 C_0 上，则结果是对的. 因此，假设 5 和 6 都不在 C_0 上. 则 C_0 上的一条路记为 $7 \to 3 \to 1 \to 2 \to 4 \to 8$. 因此，$G$ 的一个含有边 37 的六边形 S_5 存在，且落在 C_0 内. 因为 S_2 不是 G 的一个六边形，7 在 G 中与 8 不相邻，因此 S_5 是 C_0 内的一个六边形，且与 C_0 相交于一条 2－长路. ■

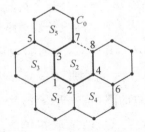

图 8-7　S_1 与 C_0 只交一条边

结合引理 8.12 和 8.13，我们有：

引理 8.14　下列之一是成立的：

(1) C_0 内存在一个六边形，与 C_0 交于一条 2－长路；

(2) C_0 之外存在一个六边形,与 C_0 交于一条 3 - 长路;

(3) $C_0 = Z$ 和 G_z 是一个凸本原冠状系统.

回忆一下关于二部图等距离嵌入超立方体图的一个等价刻画. 对图 H 的一条边 uv,令 W_{uv} 是 H 中离 u 比到 v 近的点的集合,即

$$W_{uv} = \{w \in V(H) \mid d_H(u,w) < d_H(v,w)\}$$

现在我们重新叙述 Djoković 的一个结果.

定理 8.15[54]   一个连通图 H 是部分立方图(即超立方体图的等距离子图),当且仅当 H 是二部的且对 H 的每条边 uv,W_{uv} 和 W_{vu} 诱导出 H 的两个凸子图.

定理 8.6 的证明:设 G 是一个冠状苯系统,$\mathscr{C}$ 中的圈 C_0 的定义如上. 令 $|C_0|$ $= 2n + 2 (n \geqslant 3)$. 由引理 8.14,我们分成三种情形来考虑.

情形 1 G 在 C_0 内有一个六边形 S_1 与 C_0 交与一条 2 - 长路(设为 hab,见图 8-8(a)). 为方便,S_1 顺时针记成 $habgech$. 则 $c,e,g \neq V(C_0)$. 根据引理 8.10(1),我们可以选择 C_0 的一条边 uv 使得 $d_G(u,a) = d_G(v,b) = n$. 我们断言 $d_G(v,c) = n + 1$.

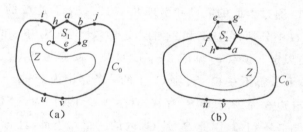

图 8-8   六边形与 C 相交的示意图

因为 G 是二部的,且 $d_G(v,h) = d_G(u,a) = n$,$d_G(v,c) = n-1$ 或 $n+1$. 假设 $d_G(v,c) = n-1$. 令 P 是 G 的从 v 到 c 的一条最短路,再令 x 表示 P 和 C_0 的最后一个公共顶点. 则 $x \in C_0(v,i,h)$,其中 $C_0(v,i,h)$ 表示顶点 v 和 h 之间 C_0 经过顶点 i 的路;否则,$x \in C_0(v,j,b)$,$x \neq v$. 因此 $P(x,c) + ch + C_0(h,i,x)$ 和 $P(x,c) + ch + C_0(h,a,x)$ 都是比 C_0 更短的圈,其中 $P(x,c)$ 从 x 到 cP 的一条子路. 但是其中一个在其内部包含洞 f,这与 C_0 的选取相矛盾. 因此 $C_0' = P(x,c) + ch + C_0(h,a,x) \in \mathscr{C}$ 在其内部包含洞 f. 但是 C_0' 的内部所含的六边形个数比 C_0 内部的少,同样会产生矛盾. 因此断言成立.

经过相似的方式,我们得到 $d_G(v,e) = n + 2$. 因此 $C_0(v,u,h) + hce$ 是 G 中 v 和 e 之间的一条最短路,且 $d_G(u,e) = n + 1$. 故 $e \in V_{uv}$. 显然,$a \in V_{uv}$ 且 $b \in V_{vu}$. 但

是 $abge$ 是 G 的一条最短路,这就说明 W_{uv} 在 G 中不是凸的.

情形 2　在 C_0 之外 G 有一个六边形 S_2 与 C_0 交于一条 3 - 长路(称为 $fhab$).设 e 和 g 是 S_2 的其他的顶点(见图 8-8(b)).像情形 1 中我们选择 C_0 的一条边 uv,即 $d_G(u,a)=d_G(v,b)=n$.因为 $C_0(b,v,f)+fegb\in\mathscr{C}$,则根据引理 8.10(1) $d_G(u,e)=n-1$ 且 $d_G(v,e)=n$,因此 $e\in V_{uv}$.显然 $a\in W_{uv}$ 且 $b\in W_{vu}$.则由与情形 1 中相同的理由我们可得到 W_{uv} 在 G 中不是凸的.

情形 3　$C_0=Z$ 且 G_Z 是一个凸本原冠状系统.则 G 有一个六边形 S 与 Z 交于一条 2 - 长路,设为 $P=hab$.S 中其他的顶点记为 f,e 和 g(见图 8-9).像情形 1 中一样选择顶点 u 和 v.根据引理 8.7,我们可得 Z 是 G_Z 的一个凸子图.因此 $d_{G_Z}(u,f)+1>d_Z(u,h)=n-1$.考虑到 G 是二部的,这说明 $d_Z(u,f)\geqslant n$.连同 $d_Z(u,f)\leqslant n$,我们有 $d_{G_Z}(u,f)=d_{G_Z}(u,h)+1=n$.同样地,我们有 $d_{G_Z}(u,g)=d_{G_Z}(u,b)+1=n+2$,且 $d_{G_Z}(u,e)=n+1$.利用类似的理由我们得到 $d_{G_Z}(v,e)=n+2$.根据推论 5.10,知 G_Z 是 G 的一个等距离子图,即对所有的顶点 $x,y\in V(G_Z),d_G(x,y)=d_{G_Z}(x,y)$.显然 $a\in V_{uv}$ 且 $b\in V_{vu}$,那么由与情形 1 中同样的理由我们可得 W_{uv} 在 G 中不是凸的.

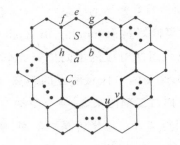

图 8-9　凸本原系统

总而言之,我们总能选择 G 的一条边 uv 使得 W_{uv} 在 G 中不是凸的.因此根据定理 8.15,知定理 8.6 成立.

8.3　开口纳米管的 l_1 - 嵌入

在本章我们考虑开口纳米管在超立方图中的 l_1 - 嵌入性,由于它是二部图,因此就是考虑开口纳米管在超立方图中的等距离嵌入性.首先我们从数学上给出了纳米管的严格定义,接着找出绕着纳米管的中心轴的环状链,证明了最短的环状链是纳米管的等距离子图,然后根据环状链的形状及六边形个数证明了只有

(1,0)-型、(0,1)-型和(1,1)-型的纳米管是可以等距离嵌入到超立方图中的.

8.3.1 引言

从日本科学家饭岛澄男(Sumio Iijima)博士最初的报告[71]中可知,碳纳米管作为一种具有纳米尺度的极度吸引人的新材料,开辟了很多令人振奋的关于碳化学和物理的新领域.从富勒烯科学的观点来看,纳米管是比较大的富勒烯.1996年 Smalley 教授带领一个学术组在莱斯大学(Rice University)成功地合成了单壁纳米管[108],这种纳米管具有电导的几乎所有的外部性质和超级钢的强度.碳纳米管已经在许多不同的研究领域引起了人们的重视,比如物理化学、人工材料等等.更多关于碳纳米管的信息,请参看文献[55,56].本章中所考虑的纳米管都是单壁开口纳米管.

每一个开口纳米管可以看成是从石墨烯片到柱面上的一个映射[89].实际上,开口纳米管是物理化学中许多研究问题的基础.例如,已经证明识别金属碳纳米管和半导体纳米管都依赖于管子的大小和几何形状[56].

很多分子的基于距离的拓扑指标(例如,Wiener 指标、Szeged 指标、PI 指标等等)都和它们的物理化学性质有密切的联系[8,103,115].我们已经知道在超立方图中任意两个顶点之间的距离恰好是 Hamming 距离,也就是说,两个顶点的距离恰好等于表示这两个顶点数组所对应的不同位置的个数[73].如果一个图是 l_1 - 图,我们就可以很容易得到这个图中任意两点的距离.因此,判断一个图是不是 l_1 - 图就变得很有意义了.而对二部图来说,一个图是 l_1 - 图,当且仅当它是部分立方图.从文献[104],我们得知开口纳米管是二部图,所以本章考虑开口纳米管是不是部分立方图的问题.

下面我们先给出开口纳米管的定义:在平面六角格子上选定一个格点作为原点 O,设 $\vec{a_1}$ 和 $\vec{a_2}$ 是两个单位格向量(见图 8-10).任选一个向量 $\overrightarrow{OA} = n\vec{a_1} + m\vec{a_2}$,满足 n 和 m 是两个整数且其中至少一个非零.过点 O 和 A 垂直于 OA 分别画两条直线 L_1 和 L_2,把 L_1 和 L_2 之间的六边形带子卷起来,然后把 L_1 和 L_2 粘起来使得 A 和 O 重合,我们就得到一个柱面上的六边形堆砌 $\mathcal{H}$.其中 L_1 和 L_2 指的方向就是圆柱的中心轴所指的方向.利用图论的术语,一个(开口)纳米管就定义成 $\mathcal{H}$ 上位于 c_1 和 c_2 之间的六边形所导出的有限图,其中 c_1 和 c_2 是 $\mathcal{H}$ 上两个围绕着圆柱中心轴的顶点不交的圈.记开口纳米管为 T.向量 $\overrightarrow{OA}$ 称为 T 的手性向量,通常记为 C_h.圈 c_1 和 c_2 称为 T 的两个端口.

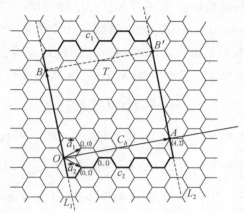

图 8-10　(4,2)-型纳米管 T. $\vec{a}_1$ 和 $\vec{a}_2$ 是基本格向量,$\overrightarrow{OA}=4\vec{a}_1+2\vec{a}_2$ 是 T 的手性向量,
向量 $\overrightarrow{OB}$ 所指方向就是 T 的中心轴所指的方向

对任一个纳米管 T,如果它的手性向量是 $C_h=n\vec{a}_1+m\vec{a}_2$,$T$ 就被称为 (n,m)-型纳米管. 例如,图 8-10 就是一个 (4,2)-型纳米管. 另外,$(n,0)$-型或 $(0,m)$-型纳米管称为锯齿形纳米管(zigzag nanotubes,见图 8-11(a)). (n,n)-型纳米管称为扶手椅形纳米管(armchair nanotube,见图 8-11(b)).

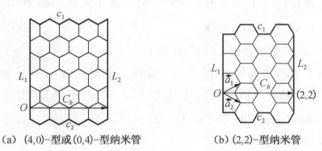

（a）(4,0)-型或(0,4)-型纳米管　　　　（b）(2,2)-型纳米管

图 8-11　两类特殊类型的纳米管

在本章中,我们除了证明了 (1,0)-型、(0,1)-型和 (1,1)-型纳米管外,其余所有的纳米管都不是部分立方图. 下面是我们的主要结果.

定理 8.16　设 T 是一开口纳米管. 则 T 是部分立方图当且仅当 T 是下列三种型号之一:(1,0)-型,(0,1)-型和 (1,1)-型(参见图 8-20(a) 和图 8-21(a)).

由于开口纳米管是二部图[104],结合定理 8.16,我们容易得到在所有的开口纳米管中,只有 (1,0)-型、(0,1)-型和 (1,1)-型纳米管是 l_1-图.

图 G 的 Wiener 指标定义为图 G 的所有顶点对之间的距离之和,记为 $W(G)$. 利用定义,John 等人[74] 和 Diudea 等人[53] 分别得到了锯齿形纳米管和扶手椅形

纳米管的 Wiener 指标的精确公式. 在文献[76]中,根据图 G 的经典度量表示(the canonical metric representation)Klavžar 得到了计算任意一个图 G 的 Wiener 指标的一般方法. 如果图 G 是部分立方图,则 $W(G)$ 的计算将会大大简化. 例如,作为部分立方图的一个特例,苯系统的 Wiener 指标的计算能在线性时间内实现[31]. 我们已经知道 $W(P_n) = \frac{n^3 - n}{6}$ 和 $W(G \square H) = W(G) \cdot |V(H)|^2 + W(H) \cdot |V(G)|^{2[63]}$. 由此,(1,0)– 型、(0,1)– 型和(1,1)– 型的 Wiener 指标可以很容易得到:$W(P_{2m}^*) = \frac{8m^3 - 2m}{6}$;$W(P_m \square K_2) = \frac{2}{3}m^3 + m^2 - \frac{2}{3}m$. 如果一个分子图不是部分立方图,则 Wiener 指标的计算要复杂得多. 到目前为止,关于一般的 (n, m)– 型的纳米管的 Wiener 指标还没有结果.

8.3.2 环状链

在本节我们介绍环状链的概念并探索环状链的一些性质. 为简单起见,我们总是假设纳米管 T 是竖直放置的,即纳米管的中心轴是竖直的.

定义 8.17 纳米管的环状链是指一系列按环形连接在一起且绕着纳米管的轴的一些六边形使得每个六边形都恰好与另外两个六边形相邻. 例如,在图 8–10 中阴影部分所示就是一个环状链.

容易看出,纳米管的环状链总是存在的.

因为柱面上的六边形堆砌 $\mathcal{H}$ 是一个无限二部图[104,119],环状链 H 作为 $\mathcal{H}$ 的一个子图,H 当然是一个有限的二部图. 假设 c_1 和 c_2 分别是 H 的上端口和下端口. 我们把 H 画在平面上使得被 c_1 包围的面 F_1 是无限的、被 c_2 包围的面 F_2 是一个有限的内面(见图 8–12).

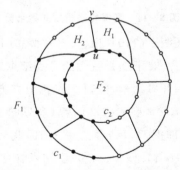

图 8–12 环状链 H 画在平面上使得 W_{uv} 中的顶点染黑色而 W_{vu} 中的顶点染白色

对图 G 的一条边 uv 来说, 设 W_{uv} 表示图 G 中所有的到点 u 比到点 v 的距离近的点的集合. 用符号表示如下

$$W_{uv} = \{x \mid d(u,x) < d(v,x)\}$$

显然, 对二部图来说, 对它的任何一条边 uv, 集合 $\{W_{uv}, W_{vu}\}$ 是 $V(G)$ 的一个划分. 现在我们把集合 W_{uv} 的点染成黑色, 而把 W_{vu} 中的点染成白色.

环状链 H 的一条边 $e = uv$ 称为横跨边, 如果 $u \in c_i$ 且 $v \in c_j$ 使得 $\{i,j\} = \{1,2\}$. 显然, 如果 H 至少含有两个六边形, 则 H 的每个六边形有两条横跨边而每条横跨边恰好被两个六边形所共享. 如果一条横跨边的两个端点都是白色 (或黑) 色的, 则我们称它为白 (或黑) 色横跨边.

环状链 H 的一个六边形 f 称为 I - 型 (或 III - 型) 的, 如果 $|f \bigcap c_1| = 1$ 且 $|f \bigcap c_2| = 3$ (或 $|f \bigcap c_1| = 3$ 且 $|f \bigcap c_2| = 1$), 否则就称为 II - 型的.

一个平面图的内对偶 (inner dual) 定义如下: 在图的每一个内面的中心画一个顶点, 当两个内面共享一条边时就把这两个内面的中心连接起来.

命题 8.18　对纳米管 T 的任何一个环状链 H 都有 $|E(c_1)| = |E(c_2)|$.

证明: 假设 H 是纳米管 T 的具有 n 个六边形的环状链. 当 $n = 1$ 时, 结论是显然的. 因此, 下面假设 $n \geqslant 2$. 取 H 任何一条横跨边 uv, 设 A 和 B 是共享边 uv 的两个六边形. 如果沿着边 uv 把 H 割开, 则 H 可以展开铺到平面上变成某个苯系统 B 的一部分. 设 $u'v'$ 和 $u''v''$ 是对应于边 uv 的两条边满足 $u'v' \in A$ 和 $u''v'' \in B$, 则边 $u'v'$ 和边 $u''v''$ 在 B 中是平行的 (见图 8 - 13).

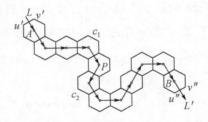

图 8 - 13　环状链沿着一条横跨边 uv 剪开后画在平面上

垂直于 $u'v'$ 画一条射线 L 使得射线尾点在六边形 A 的中心, 垂直于 $u''v''$ 再画一条射线 L' 使得射线头点在六边形 B 的中心. 由于 $u'v'$ 和 $u''v''$ 是平行的, 因此 L 和 L' 具有相同的方向. 由环状链和内对偶的定义知, B 中对应于 H 部分的内对偶是一条路 P (见图 8 - 13).

沿着 P 从 L 走到 L', 如果我们没有转弯的话, 则 c_1 的边数是 $2n$, 且 c_2 的边数也是 $2n$. 结论成立.

沿着 P 从 L 走到 L'，如果有转弯，则每个转弯处转的角度是 $\frac{\pi}{3}$. 因此顺时针转弯的个数一定等于逆时针转弯的个数，因为只有这样我们才能从 L 到达 L'. 不妨设在每个顺时针转弯处的六边形恰好有 c_1 的三条边和 c_2 的一条边，则在每个逆时针转弯处的六边形恰好有 c_1 的一条边和 c_2 的三条边. 其余的每个六边形含有 c_1 的两条边和 c_2 的两条边. 通过直接计算，容易得到 $|E(c_1)| = |E(c_2)|$. ∎

从命题 8.18 的证明过程，我们立即可以得到推论 8.19.

推论 8.19 对纳米管的任何一个环状链而言，I – 型六边形的个数和 III – 型六边形的个数相等.

定义环状链的长度为构成环状链的六边形的个数. 为方便读者，我们复习一下等距离子图的概念. 图 G 的连通子图 H 称为等距离的，如果对 H 的任意两点 u 和 v，都有 $d_H(u,v) = d_G(u,v)$.

定理 8.20 纳米管 T 中每个最短的环状链 H 都是 T 的等距离子图.

证明：假设 T 是纳米管，H 是 T 中一个最短的环状链. 如果 H 本身就是纳米管 T，结论显然.

用反证法. 假设 H 不是 T 的等距离子图，则存在 H 的两个顶点 x 和 y 满足 $d_H(x,y) > d_T(x,y)$.

令 $S := \{(x,y) \in V(H) \times V(H) \mid d_H(x,y) > d_T(x,y)\}$. 选取 $(u,v) \in S$ 使得 $d_T(u,v) = \min\limits_{(x,y) \in S} \{d_T(x,y)\}$. 我们有顶点 u 和 v 落在 H 的同一个端口上. 如果不是这样，假设 u 和 v 落在 H 的两个不同的端口处. 令 P 是在 T 中连接 u 和 v 的一条最短路. 首先 uv 不可能是 T 的一条边. 因为如果 u 和 v 在 T 中相邻，由我们的选择，uv 是 H 的一条横跨边. 所以，$d_H(u,v) = d_T(u,v)$，这和 $(u,v) \in S$ 矛盾. 进一步，如果存在点 $w \in V(P \cap H) \setminus \{u,v\}$，则

$$d_H(u,w) + d_H(w,v) \geq d_H(u,v) > d_T(u,v) = d_T(u,w) + d_T(w,v) \quad (8.2)$$

而

$$d_H(u,w) \geq d_T(u,w) \quad\quad\quad\quad (8.3)$$

且

$$d_H(w,v) \geq d_T(w,v) \quad\quad\quad\quad (8.4)$$

要使不等式 (8.2) 成立，不等式 (8.3) 和 (8.4) 就必须至少有一个严格成立. 不妨设 $d_H(u,w) > d_T(u,w)$，这说明 $(u,w) \in S$，但是 $d_T(u,w) < d_T(u,v)$，这与 $d_T(u,v)$ 在 S 中的最小性矛盾. 因此，不妨设顶点 u 和 v 都落在 H 的上端口. 类似

地,我们可以证明:

（∗）　在 T 中连接 u 和 v 的每条最短路都和 H 只相交于点 u 和 v.

否则,我们选取 P 和 H 的一个不同于 u 和 v 的公共交点 w 满足下式:

$$d_H(u,w)+d_H(w,v)\geqslant d_H(u,v)>d_T(u,v)=d_T(u,w)+d_T(w,v)$$

由上面一样的讨论知道,要么 $d_H(u,w)>d_T(u,w)$,要么 $d_H(w,v)>d_T(w,v)$.
这和 $d_T(u,v)$ 在 S 中是最小的矛盾.因此 u 和 v 一定是 H 中的两个 2 度点,它们
分别位于两个确定的六边形中,假设 u 位于六边形 A 中而 v 位于六边形 B 中.

记 H 的上端口为 t.我们知道 t 是一个偶圈[104].所以点 u 和 v 把 t 分割成两
条路 t_{uv} 和 $t_{uv}{}'$.由于 $P\cap t=\{u,v\}$,两个圈 $P\cup t_{uv}$ 和 $P\cup t_{uv}{}'$ 中肯定有一个(假设是
$P\cup t_{uv}$)没有围绕 T 的轴.令 G' 是由位于 $P\cup t_{uv}$ 及其内部的顶点和边导出的子图.
用 H_{AB} 表示在 H 中至少包含 t_{uv} 一条边的六边形的集合(图 8-14 中阴影部分的
图).因为 $P\cup t_{uv}$ 不包含 T 的端口,所以 G' 同胚于一个苯系统.图 $G''=G'\cup H_{AB}$ 也
是同胚于苯系统的一个图.接下来,我们假定 G' 和 G'' 都是苯系统.

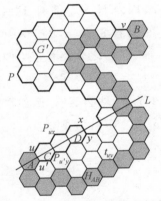
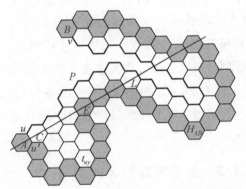

（a）在 G'' 中,L 先碰到 P 的一条边　　　（b）在 G'' 中,L 先经过 H_{AB} 的某个六边形的中心

图 8-14　定理 8.20 的证明的插图

记 G' 中包含 u 的六边形为 C.假设 uu' 是六边形 A 和 C 所共享的边.过 A 和
C 的中心画一条直线 L,则 G'' 中与 L 相交的边构成了 G'' 的一个边割[29].于是,P
的某些边落在 L 的一侧而 H_{AB} 的某些六边形落在 L 的另一侧.

因为 G'' 是一个有限苯系统,沿着 AC 的方向,L 要么先碰到 P 的一条边,要么
先经过 H_{AB} 的某个六边形的中心.

若 L 先碰到 P 的一条边 xy,其中 x 落在 u 所在的 L 的一侧.在文献[29]中
已经证明,在 G'' 中存在唯一的一条连接 u 和 x 沿着 L 的最短路 P_{ux}(见图

8 - 14(a)),并且也唯一地存在着一条沿 L 连接 u' 和 y 的最短路 $P_{u'y}$. 由于 $uP_{ux}xy$ 是 P 的一部分,它也是 G'' 中连接 u 和 y 的一条最短路. 显然

$$d(u,x)+d(x,y)=d(u,u')+d(u',y)$$

所以,$uu'P_{u'y}y$ 也是 G'' 中连接 u 和 y 的一条最短路. 这样,$P-(P_{ux}+xy)+(uu'+P_{u'y})$ 也是 T 中连接 u 和 v 的一条最短路,这和上面的断言(*)矛盾.

若 L 先经过 H_{AB} 中的某个六边形 E 的中心(见图 8 - 14(b)). 从 A 到 E 把 H_{AB} 中的六边形用被直线 L 穿过中心的六边形替换掉,我们就得到一个比 H 更短的环状链,矛盾.

因此,在 S 中不存在这样的顶点 u 和 v 满足 $d_H(u,v)>d_T(u,v)$,也就是说,S 是空集. 这说明对 H 中的任意两点 x 和 y,都有 $d_H(x,y)=d_T(x,y)$. 证毕. ■

命题 8.21 设 T 是纳米管,H 是 T 的一个长度至少为 3 的最短的环状链,则 H 的每个六边形面圈在 H 中都是等距离的. 进一步,它也是 T 的等距离子图.

证明:反证. 假设 $C=abcdefa$ 是 H 的一个六边形但它不是等距离的. 则存在 C 的两个顶点,它们在 H 中的距离比在 C 中的距离小. 因为 H 是二部的,这两个顶点一定是圈 C 上距离为 3 的两个点,设为 a 和 d,它们满足 $d_C(a,d)>d_H(a,d)$. 所以在 H 中存在一条边连接 a 和 d. 但是在 H 中除了 C 之外还有至少两个六边形,通过一条边直接连接 a 和 d 是不可能的. ■

注 8.22 在命题 8.21 中的条件"H 的长度至少为 3"是必要的. 例如在图 8 - 21(a)中,对于环状链 H_2 的顶点 u_2,v_2,有 $d_{H_2}(u_2,v_2)=3$,但是 $d_H(u_2,v_2)=1$.

8.3.3 主要定理的证明

对于一个图 G,如果它是 l_1 - 图,d_G 一定要满足下面的 5 - 边形不等式[110],即:对图 G 的任意 5 个顶点 x,y,a,b 和 c,有

$$d(x,y)+(d(a,b)+d(a,c)+d(b,c))$$
$$\leqslant (d(x,a)+d(x,b)+d(x,c))+(d(y,a)+d(y,b)+d(y,c))$$

关于部分立方图的另外一个刻画由 Avis 在 1981 年得到.

引理 8.23[5] 图 G 是部分立方图当且仅当它是二部的且 d_G 满足 5 - 边形不等式.

引理 8.24 设 H 是纳米管 T 的一个最短环状链且长度至少为 2. 如果 H 中所有的六边形都是 II - 型的,则 H 不是部分立方图.

证明：设 H 的六边形分别为 $H_1, H_2, \cdots, H_n (n \geq 2)$，其中 H_i 与 H_{i-1} 和 H_{i+1} 相邻，i 是在模 n 的情况下。假设 H_1 和 H_n 共享一条边 uv，其中 $u = H_1 \cap H_n \cap c_1$，$v = H_1 \cap H_n \cap c_2$。下面我们将证明 H 不是部分立方图。

情形 1　n 是偶数。设 a 是 $H_1 \cap c_2$ 的一个顶点满足 $d_H(a) = 2$。x 是 $H_{\frac{n}{2}} \cap H_{\frac{n}{2}+1} \cap c_2$ 的一个顶点，b 是 $H_{\frac{n}{2}+1} \cap c_2$ 中 x 的邻点，y 是 $H_{\frac{n}{2}+1} \cap H_{\frac{n}{2}+2} \cap c_1$ 中的顶点，c 是 $H_{\frac{n}{2}+1} \cap c_1$ 中 y 的邻点（见图 8－15）。

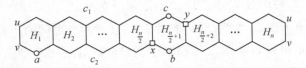

图 8－15　六边形都是 Ⅱ - 型的最短环状链中且 n 是偶数

由 H 的对称性我们知：$d(a,b) = n, d(b,c) = 3, d(a,c) = n+1, d(x,y) = 3$；$d(x,a) = n-1, d(x,b) = 1, d(x,c) = 2, d(y,a) = n, d(y,b) = 2, d(y,c) = 1$。

于是

$$d(a,b) + d(b,c) + d(a,c) + d(x,y) = n+3 + (n+1) + 3 = 2n+7$$

而

$$d(x,a) + d(x,b) + d(x,c) + d(y,a) + d(y,b) + d(y,c)$$
$$= (n-1) + 1 + 2 + n + 2 + 1 = 2n+5$$

显然

$$d(a,b) + d(b,c) + d(a,c) + d(x,y)$$
$$> d(x,a) + d(x,b) + d(x,c) + d(y,a) + d(y,b) + d(y,c)$$

这五个顶点违反了 5 - 边形不等式。

情形 2　n 是奇数。在第一个六边形中选取 v 作为 a。令 x 是 $H_{\frac{n-1}{2}} \cap H_{\frac{n+1}{2}} \cap c_2$ 中的顶点，b 是 $H_{\frac{n+1}{2}} \cap c_2$ 中 x 的邻点，y 是 $H_{\frac{n+1}{2}} \cap H_{\frac{n+1}{2}+1} \cap c_1$ 中的顶点，c 是 $H_{\frac{n+1}{2}} \cap c_1$ 中 y 的邻点（见图 8－16）。

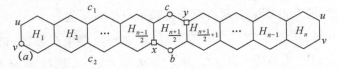

图 8－16　六边形都是 Ⅱ - 型的最短环状链中且 n 是奇数

像情形 1 一样,通过简单计算,我们有

$$d(a,b)+d(b,c)+d(a,c)+d(x,y)=n+3+(n+1)+3=2n+7$$

和

$$d(x,a)+d(x,b)+d(x,c)+d(y,a)+d(y,b)+d(y,c)$$
$$=(n-1)+1+2+n+2+1=2n+5$$

很容易看出来这五个顶点不满足 5 - 边形不等式.

由引理 8.23,在两种情形下 H 都不是部分立方图.

图 G 的连通子图 H 称为凸的,如果 H 的任意两点之间的所有最短路都仍在 H 中. 令 $\langle S \rangle$ 表示由顶点子集 S 导出的子图. Djokovič 给出了关于部分立方图的如下一个等价刻画.

引理 8.25[54] 设 G 是二部图,则 G 是部分立方图当且仅当对 G 的每一条边 uv,$\langle W_{uv} \rangle$ 和 $\langle W_{vu} \rangle$ 都是 G 的凸子图.

引理 8.26 设 H 是纳米管 T 的一个最短环状链且长度至少为 3. 如果 H 不是所有的六边形都是 II - 型的,则 H 不是部分立方图.

证明:下面我们考虑 H 时,总假设 H 是画在平面上的,其中被 c_1 包围的是无界面 F_1、被 c_2 包围的是一个内面 F_2. 由题设条件 H 的六边形不全是 II - 型的且 H 至少含有三个六边形,再加上推论 8.19,H 至少含有一个 I - 型的六边形 H_1 和一个 III - 型的六边形 H_2. 令 $d(H_1,H_2)=\min\{d_H(x,y)\,|\,x\in H_1,y\in H_2\}$. 选取一个 I - 型的六边形 H_1 和一个 III - 型的六边形 H_2 使得 $d(H_1,H_2)$ 最小. 为方便我们定义,沿着 c_1 从 H_1 到 H_2 的方向为我们所走的方向. 不妨设此方向为逆时针方向(见图 8 - 17(a)). 下面我们将利用反证法来证明 H 不是部分立方图. 假设 H 是部分立方图,则对 H_1 的第二条横跨边 uv 而言,其中 $u\in c_2$ 和 $v\in c_1$,由引理 8.25,$\langle W_{uv} \rangle$ 和 $\langle W_{vu} \rangle$ 都是 H 的凸子图. 把 W_{uv} 中的顶点染成黑色而把 W_{vu} 中的顶点染成白色. 显然,$u\in W_{uv}$ 且 u 被染成黑色.

断言 1 在 H 中,如果一个六边形 C 的两个对径点 u 和 u'(即 $d_C(u,u')=3$)染同一种颜色,则 C 的所有的顶点都染成和 u 一样的颜色.

设 $C=abcdefa$ 为 H 的一个六边形. 假设 a 和 d 都染成黑色,也就是 a 和 d 都位于集合 W_{uv} 中. 由命题 8.21,$d_H(a,d)=d_C(a,d)=3$. 所以 $abcd$ 和 $afed$ 都是 H 中连接 a 和 d 的两条最短路. 由于 $\langle W_{uv} \rangle$ 是 H 的凸子图,所以顶点 b,c,e 和 f 都落在集合 W_{uv} 中,于是它们都被染成黑色. 这就完成了断言 1 的证明.

断言 2 $\langle W_{uv} \bigcap c_1 \rangle$ 和 $\langle W_{uv} \bigcap c_2 \rangle$ 是 H 中的两条路，$\langle W_{vu} \bigcap c_1 \rangle$ 和 $\langle W_{vu} \bigcap c_2 \rangle$ 也是.

首先,我们证明在 c_1 和 c_2 上都是既有白点又有黑点. 如果 H_1 和 H_2 相邻,很容易看出在 c_1 和 c_2 上都是既有白点又有黑点(见图 8 - 12).

如果 H_1 和 H_2 不相邻,根据 H_1 和 H_2 的选择,从 H_1 到 H_2 所有的六边形都一定是 Ⅱ- 型的. 显然在 c_2 上是既有白点又有黑点的(见图 8 - 17(a)). 如果 c_1 上所有顶点都是白色的,我们知道 H_2 有两个对径点染了白色. 由断言 1,H_2 的所有的顶点都是白色的. H_2 之前的六边形 H_3 的顶点也都是白色的,因为 H_3 是 Ⅱ-型的. 以这种方式我们将会发现 H_1 之后的六边形 H_4(六边形 H_4 很可能与 H_3 是同一个)的顶点也都是白色的. 但是,H_4 中 u 和 v 的邻点都是黑色的,矛盾. 所以在 c_1 和 c_2 上都是既有黑点又有白点的.

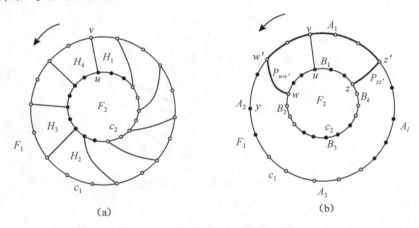

(a)　　　　　　　　　(b)

图 8 - 17　断言 2 的证明的插图说明

其次,我们证明 $\langle W_{uv} \bigcap c_1 \rangle$ 和 $\langle W_{uv} \bigcap c_2 \rangle$ 是 H 中的两条路,$\langle W_{vu} \bigcap c_1 \rangle$ 和 $\langle W_{vu} \bigcap c_2 \rangle$ 也是.

如果端口 c_1 分成 $l(\geqslant 2)$ 个黑白段,按逆时针分别记成 $A_1, A_2, \cdots, A_l$. 端口 c_2 分成 $k(k \geqslant 4)$ 个黑白段,按逆时针分别记成 $B_1, B_2, \cdots, B_k$(见图8 - 17(b)). 假设 $v \in A_1$ 且 $u \in B_1$,则 A_1 和 B_i(i 是偶数)中的顶点都是白点,而 A_2 中的顶点都是黑点. 记 B_2 的第一个顶点为 w,A_1 的最后一个顶点为 w',A_1 的第一个顶点为 z',B_k 的最后一个顶点为 z. 注意到 w, w', z' 和 z 都是白点. 由于 $\langle W_{vu} \rangle$ 是凸的,所以连接 w 和 w' 的最短路 $P_{ww'}$ 和连接 z 和 z' 的 $P_{zz'}$ 最短路上的所有点都是白色的. 对 c_1 上的任何一个黑点 y,连接 y 和 u 的任何一条最短路 P_{yu} 一定与 $P_{ww'} \bigcup P_{zz'}$

$\cup\langle A_1\rangle$ 相交于某个白点,这和 $\langle W_{vu}\rangle$ 的凸性矛盾.

如果 c_2 分成至少两段而 c_1 至少分成 4 段,我们可以得到类似的矛盾.所以 c_1 和 c_2 都是由一段黑点组成的路和一段白点组成的路构成的.证毕.

断言 3 在 H 中一定有一条白横跨边和一条黑横跨边,也就是说 $\langle W_{uv}\rangle$ 和 $\langle W_{vu}\rangle$ 在 H 中是连通的.

由 $\langle W_{uv}\rangle$ 和 $\langle W_{vu}\rangle$ 的凸性,这个断言易得.

记得我们定义的方向是逆时针.从 uv 开始选取第一条白色的横跨边,设为 wz,最后一条白色的横跨边 xy,使得 $w,x\in c_2$ 且 $z,y\in c_1$.这样 xy 和 uv 都落在同一个六边形 H_1 中,且 y 与 v 是相邻的.令 a 是 c_2 中 w 之前的顶点,b 是 H_1 中 x 的邻点(见图 8 - 18).因为 $d(u,b)=2$ 和 $d(v,b)=3$,所以顶点 b 是个黑点.

情形 1 a 是黑点(见图 8 - 18).

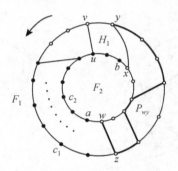

图 8 - 18 情形 1 的插图说明

断言 4 $d(a,u)=d(w,v)$.

因为 a 是黑点,w 是白点,所以 $d(a,u)=d(a,v)-1$,$d(w,v)=d(w,u)-1$. 我们用反证法.假设 $d(a,u)\neq d(w,v)$.如果 $|d(a,u)-d(w,v)|=1$,那么 $P_{au}+uv+P_{vw}+wa$ 是一个闭的奇的途径,这里 P_{au} 是一条最短的 a,u - 路,P_{vw} 是一条最短的 v,w - 路,"+"表示图的"并".所以在 H 中存在一个奇圈[113](Lemma 1.2.15),这和 H 是二部图是矛盾的.如果 $d(a,u)\geqslant d(w,v)+2$,那么
$$d(a,u)\geqslant d(w,v)+2>d(w,v)+d(w,a)\geqslant d(a,v)$$
这和 $d(a,u)=d(a,v)-1$ 矛盾.如果 $d(w,v)\geqslant d(a,u)+2$,我们可以类似地得到一个矛盾.证毕.

设 P_{wy} 是 H 中连接 w 和 y 的最短路.由于 w 和 y 都是白点,$\langle W_{vu}\rangle$ 是 H 的一个凸子图,所以 P_{wy} 上所有的顶点都是白点.假设 P_{wy} 的长度是 p.顶点 y 位于连接 w 和 v 的最短路上.否则,连接 w 和 v 的任何一条最短路一定通过 c_1 上从 v 到

z 的顶点. 由 $\langle W_{vu}\rangle$ 的凸性, c_1 上从 v 到 z 的所有的顶点都是白点. 与此同时, 顶点 w, z, x 和 y 都是白点, 这样在 c_1 上的黑点不可能不过白点就能通过一条最短路到达 u, 这和 $\langle W_{uv}\rangle$ 是凸子图矛盾.

由断言 4, 知 $d(a, u) = d(w, v) = d(w, y) + d(y, v) = p+1$. 因为 a 和 b 都是黑点, 连接 a 和 b 的所有的最短路一定过 u. 由于 $d(u, b) = 2$, 因此

$$d(a, b) = d(a, u) + d(u, b) = (p+1) + 2 = p+3$$

我们知道 $aw + P_{wy} + yx + xb$ 是一条连接 a 和 b 的途径. 那么任何一条最短的 a, b -路的长度不会超过

$$d(a, w) + d(w, y) + d(y, x) + d(x, b) = 1 + p + 1 + 1 = p+3$$

这表明我们可以找到一条过白点的长度不超过 $p+3$ 的最短的 a, b - 路, 与 $\langle W_{uv}\rangle$ 是凸子图矛盾. 因此, H 不是部分立方图.

情形 2　a 是白点.

断言 5　$d_H(a) = 2$.

假设不是, 则 $d_H(a) = 3$, 顶点 a, w 和 z 落在同一个六边形 H' 中. 在 H' 中, 记 c_1 上 a 的邻点为 w', z 的邻点为 z' (见图 $8-19$(a)). 则 w' 和 z' 一定是黑点. 否则, wz 不可能是第一条白色横跨边. 像在断言 4 中一样, $d(a, v) = d(w', u)$. 因为 w' 是黑点, 根据 $\langle W_{uv}\rangle$ 的凸性, 任何一条最短的 w', u - 路是由黑点组成的. 因为 a 和 w 是白点, 任何一条最短的 a, v - 路一定通过点 w. 否则, 假设存在一条不通过顶点 w 最短的 a, v - 路. 那么最短的 a, v - 路一定和某条最短的 w', u - 路相交于一个黑点, 这和 $\langle W_{vu}\rangle$ 的凸性相矛盾. 由于 z' 是黑点而 z 是白点, 任何一条最短的 z', u - 路一定通过点 w'. 因此

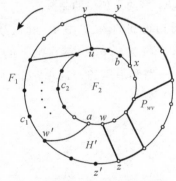

(a) 断言 5 的证明的插图说明

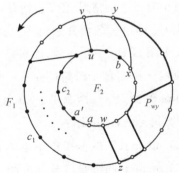

(b) a 染成白色且它之前的顶点 a' 染成黑色

图 $8-19$

$$d(z',u)=d(z',w')+d(w',u)=2+d(a,v)$$
$$=2+(d(w,v)+1)=d(w,v)+3$$

令 P_{wv} 表示 H 中一条最短的连接 w 和 v 的路. 选取一条连接 z' 和 u 的途径 $z'z+zw+P_{wv}+vu$. 则任何一条最短的 z',u - 路的长度不超过

$$d(z',z)+d(z,w)+d(w,v)+d(v,u)=d(w,v)+3$$

这说明我们可以找到一条过白点的最短的 z',u - 路, 但是这和 $\langle W_{uv}\rangle$ 的凸性矛盾. 断言 5 证完.

由断言 5, c_2 上点 a 之前的邻点设为 a', a' 一定是个黑点 (见图 8 - 19 (b)). 否则, wz 不可能是第一条白色的横跨边.

很显然, 连接 a 和 v 的每一条最短路都经过 w 和 y. 因此, $d(a,v)=d(a,w)+d(w,y)+d(y,v)=p+2$. 和断言 4 证明一样, $d(a',u)=d(a,v)=p+2$. 由于 a' 和 b 都是黑点, 所有的最短的 a',b - 路一定经过点 u. 则

$$d(a',b)=d(a',u)+d(u,b)=p+4$$

选取一条连接 a' 和 b 的途径 $a'a+aw+P_{wy}+yx+xb$. 因此, 任何一条最短的 a',b - 路的长度不会超过

$$d(a',a)+d(a,w)+d(w,y)+d(y,x)+d(x,b)=p+4$$

这就说明我们可以找到一条过白点的长度不超过 $p+4$ 的最短的 a',b - 路, 也就说明 $\langle W_{uv}\rangle$ 不是凸的, 矛盾.

综合上述两种情况, 我们知道 $\langle W_{uv}\rangle$ 都不是凸的. 由引理 8.25, H 不是部分立方图. ∎

因为在 l_1 - 图中出现重边, 不影响顶点之间的距离, 所以我们定义的图不排除在 G 中有重边的情形. 设 P_m 是有 m 个顶点的路, K_2 是两个顶点的完全图. 用 P_{2m}^* 表示从 P_{2m} 的第一条边开始每隔一条边就加一条重边得到的图 (见图 8 - 20 (a)).

一个图 G 是 median 图, 如果对 G 的任意的三个顶点 u,v,w, 存在唯一的顶点 x 使得 x 同时位于最短的 u,v - 路, 最短的 u,w - 路和最短的 w,v - 路上.

引理 8.27[73]　(命题 1.26, 1.38 和 2.22)

(1) 树是 median 图;

(2) median 图的卡氏积图也是 median 图;

(3) median 图都是部分立方图.

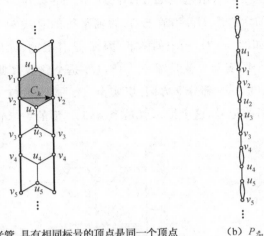

（a）（1,0）-型或（0,1）-型纳米管．具有相同标号的顶点是同一个顶点　　　　（b）P_{2m}^*

图 8 - 20

引理 8.28　l_1 - 图 G 的任意等距离子图 H 仍是 l_1 - 图，特别地，部分立方图的任意等距离子图仍是部分立方图．

证明：结论显然．

定理 8.16 的证明：设 T 是一开口纳米管，H 是 T 的最短的环状链．假设 H 恰好含有 n 六边形．由定理 8.20，H 是 T 的等距离子图．有两种情况需要考虑：

情形 1　H 的六边形都是 Ⅱ - 型的．

如果 $n=1$，沿着与纳米管 T 的中心轴平行的直线割开 T，T 就变成图 8 - 20(a) 中的图形．因为 T 是有限的，我们把 T 的所有的顶点标上号，很容易看出它就是某个 P_{2m}^*（m 是整数）．假设 $P_{2m}^* = v_1 v_2 \cdots v_{2m}$，其中 v_i 和 v_{i+1} 相邻（$1 \leqslant i \leqslant 2m-1$）．定义映射 $\phi: V(P_{2m}^*) \to V(Q_{2m-1})$ 如下

$$\phi(v_i) = (\underbrace{1, \cdots, 1}_{i-1}, \underbrace{0, \cdots, 0}_{2m-i})$$

容易验证，对任意的两点 $v_i, v_j \in V(P_{2m}^*)$，$d_{P_{2m}^*}(v_i, v_j) = |j-i| = d_{Q_{2m-1}}(\phi(v_i), \phi(v_j))$．因此，$P_{2m}^*$ 是一个部分立方图．使用纳米管 (n,m) 的记号，这个纳米管是（1,0）-型或者（0,1）-型的纳米管．

如果 $n \geqslant 2$，由引理 8.24，H 不是一个部分立方图．因此，由引理 8.28，T 也不是部分立方图．

情形 2　H 中的六边形不全是 Ⅱ - 型的．由推论 8.19，我们知道 H 至少含有两个六边形．

如果 $n=2$，由推论 8.19，则 H 中恰好存在一个 I - 型的六边形 H_1 和一个 Ⅲ - 型的六边形 H_2. 沿着与 T 的轴平行的直线割开 T 并把它展开到平面上，T 就变成如图 8-21(a)中的图形. 因 T 是有限的，如果把 T 的顶点进行标号，容易看出这个图实际上就是图 $P_m \square K_2$(m 是个整数)(见图 8-21(b)). 由引理 8.27，$P_m \square K_2$ 是一个部分立方图. 事实上，$P_m \square K_2$ 是 Q_m 的一个等距离子图. 使用纳米管(n,m)的记号，这个纳米管是个(1,1)- 型的纳米管.

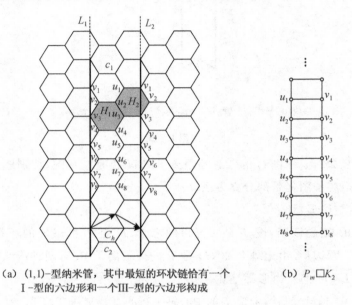

(a) (1,1)-型纳米管，其中最短的环状链恰有一个 I -型的六边形和一个Ⅲ-型的六边形构成

(b) $P_m \square K_2$

图 8 - 21

如果 $n \geqslant 3$，那么由引理 8.26，H 不是一个部分立方图. 因此，由引理 8.28，T 不是一个部分立方图.

情形 1 和 2 说明了定理 8.16 是成立的.

第 9 章　规则的莫比乌斯带上的六边形和四边形堆砌图的 l_1 – 嵌入

9.1　规则的莫比乌斯带上的六边形堆砌图的 l_1 – 嵌入

本章我们主要研究从两条路的卡氏积导出的两类规则的莫比乌斯带的上六边形堆砌图 $H_{2m,2k}$ 和 $H_{2m+1,2k+1}$ 的 l_1 – 嵌入性，我们证明了在这两类图中只有 $H_{2,2}$ 和 $H_{3,3}$ 才是 l_1 – 嵌入的.

9.1.1　引言

Prisăcaru，Soltan 和 Chepoi 已经证明了所有内面大小至少为 5、内点度至少为 4 的平面图都是 l_1 – 嵌入的[102]. 后来，Chepoi，Deza 和 Grishukhin 给了判断一个平面图是否是 l_1 – 图的准则[31]. 为大家所熟识的除了平面之外还有六个常见的曲面：球面、环面、克莱因瓶（Klein bottle）、射影平面（projective plane）、圆柱面、和莫比乌斯带. 其中前四个都是闭曲面，而后面两个有边界. 最近，Deza 和 Shpectorov 确定出环面六角系统和克莱因瓶六角系统中哪些是 l_1 – 图[49]. 在本章我们考虑莫比乌斯带上的六边形堆砌图的 l_1 – 嵌入性. 对其他一些涉及曲面图的 l_1 – 嵌入性的文章，参见文献[38,45,47,50].

路 P_k 是指具有顶点集 $\{0,1,\cdots,k-1\}$ 和边集 $\{i(i+1)\mid 0\leqslant i\leqslant k-2\}$ 的图. 由图的卡氏积的定义可知，$P_p\square P_q$ 是一个 $p\times q$ 的方格网且 $V(P_p\square P_q)=\{(i,j)\mid 0\leqslant i\leqslant p-1,0\leqslant j\leqslant q-1\}$.

长为 $2k$、宽为 $2m$ 的莫比乌斯带上的六边形堆砌偶图定义为下图：从 $P_{2m}\square P_{2k}$ 中把边 $\{(2i,2j+1),(2i+1,2j+1)\}$ 和 $\{(2i+1,2j),(2i+2,2j)\}$ 删掉（$0\leqslant i\leqslant(m-1),0\leqslant j\leqslant(k-1)$），然后再添加边 $\{(n,0),(2m-1-n,2k-1)\}$（$0\leqslant n\leqslant 2k-1$）得到的，记它为 $H_{2m,2k}$（见图 9 – 1(a)）.

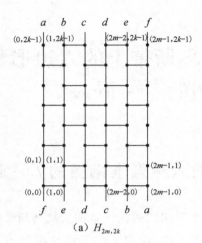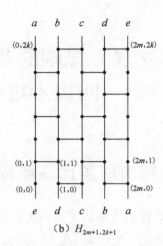

（a）$H_{2m,2k}$　　　　　　　　　（b）$H_{2m+1,2k+1}$

图 9-1　莫比乌斯带上的六边形堆砌图

长为 $2k+1$、宽为 $2m+1$ 的莫比乌斯带上的六边形堆砌奇图定义如下：从 $P_{2m+1}\square P_{2k+1}$ 中把边 $\{(2i,2j),(2i+1,2j)\}$ 和 $\{(2i+1,2j+1),(2i+2,2j+1)\}$ $(0\leqslant i\leqslant m-1,0\leqslant j\leqslant k)$ 删掉，然后再添加边 $\{(n,0),(2m-n,2k)\}$ $(0\leqslant n\leqslant 2m)$ 得到的图，记为 $H_{2m+1,2k+1}$（见图 9-1(b)）.

图 $H_{2m,2k}$（或 $H_{2m+1,2k+1}$）中的每个六边形称为图 $H_{2m,2k}$（或 $H_{2m+1,2k+1}$）的面圈.

这类结构图中的一些图比如 $H_{2,2k}$ 和 $H_{3,2k+1}$ 在文献[59,109]中已经出现，在那里作者使用它们作为单元去刻画环面和克莱因瓶上的六边形堆砌的分类. 在本章中，我们的结果表明在图 $H_{2m,2k}$ 和 $H_{2m+1,2k+1}$ 中只有 $H_{2,2}$ 和 $H_{3,3}$ 是 l_1 - 图.

9.1.2　莫比乌斯带上的六边形堆砌偶图的 l_1 - 嵌入

一个图是 l_1 - 图的非常重要的必要条件在第四章中作为定理 4.13 给出. 我们回顾一下它，叙述如下：

引理 9.1[110]　对一个图 G，如果它是一个 l_1 - 图，d_G 一定满足下面的五边形不等式：对 G 的任意五个顶点 x,y,a,b 和 c，

$$d(x,y)+(d(a,b)+d(a,c)+d(b,c))$$

$$\leqslant (d(x,a)+d(x,b)+d(x,c))+(d(y,a)+d(y,b)+d(y,c))$$

有限平面图 G 是外可平面图，如果它可以嵌入到平面上使得 G 的所有的顶点都落在无界面上. Chepoi，Deza 和 Grishukhin 在文献[31]中证明：

引理 9.2　任何一个外可平面图都是 l_1 - 图.

用 K_n 表示 n 个顶点的完全图. 在 G 中 x 的邻点的集合记为 $N_G(x)$.

引理 9.3　$H_{2m,2k}(m,k\geqslant1)$ 是一个 l_1 - 图当且仅当 $m=k=1$.

证明:因为 $H_{2,2}$ 是一个外可平面图,由引理 9.2,我们知道它是一个 l_1 - 图.
它在超立方图 Q_4 中的规模为 2 的嵌入如图 9 - 2 所示.对于其他的一些莫比乌斯
带上的六边形堆砌偶图 $H_{2m,2k}$,下面我们要么找到五个顶点违反了五边形不等
式,要么用反证法证明它的边不具有 l_1 - 标号.

接下来我们将根据 m 和 k 的取值分成若干种情况证明这个定理.

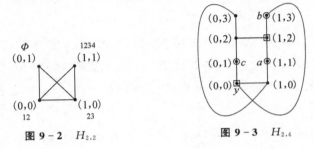

图 9 - 2　$H_{2,2}$　　　　　　图 9 - 3　$H_{2,4}$

情形 1　$m=1$.

1. $k=1$.见图 9 - 2.

显然 $H_{2,2}$ 同构于图 K_4-e,这里 K_4-e 代表从完全图 K_4 删掉一条边 e.上面
已经指出它是一个 l_1 - 图.

2. $k=2$.见图 9 - 3.

设 $x=(1,2)$,$y=(0,0)$,$a=(1,1)$,$b=(1,3)$,$c=(0,1)$.则 $d(a,b)=2$,
$d(a,c)=3$,$d(b,c)=2$,$d(x,y)=2$,$d(x,a)=1$,$d(x,b)=1$,$d(x,c)=2$,$d(y,a)$
$=2$,$d(y,b)=1$,$d(y,c)=1$.因此 $d(x,y)+(d(a,b)+d(a,c)+d(b,c))=9$,
但是

$$(d(x,a)+d(x,b)+d(x,c))+(d(y,a)+d(y,b)+d(y,c))=8$$

显然这五个点违反了引理 9.1 中的五边形不等式.所以 $H_{2,4}$ 不是 l_1 - 图.

3. $k\geqslant3$.见图 9 - 4.

首先,我们证明圈 $C=(1,0)(0,0)(0,1)(0,2)\cdots(0,2k-1)(1,0)$ 是 $H_{2,2k}$ 的
一个等距离圈.

如果不是,则存在两个顶点 x,y 满足 $d_C(x,y)>d_{H_{2,2k}}(x,y)$.选取使得
$d_{H_{2,2k}}(x,y)$ 尽可能小的点对 (x,y),则 $H_{2,2k}$ 中任何一条最短的 x,y - 路 P 与 C 只
交于两点 x 和 y.因此 $d_{H_{2,2k}}(x)=d_{H_{2,2k}}(y)=3$.

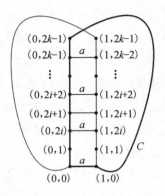

图 9-4　$H_{2,2k}$, $a=l((0,0)(1,0))$

如果 $x=(1,0)$, $y=(0,2i)(1\leqslant i\leqslant k-1)$, 根据 $H_{2,2k}$ 中 P 的选择, $P=(1,0)$ $(1,1)(1,2)\cdots(1,2i)(0,2i)$. P 的长度等于 $2i+1$. 路 $(1,0)(0,0)(0,1)(0,2)\cdots$ $(0,2i)$ 是 C 中连接 x 和 y 的一条路. 因此 $d_C(x,y)\leqslant 2i+1$. 这和 $d_C(x,y)>$ $d_{H_{2,2k}}(x,y)$ 矛盾.

如果 $x=(0,0)$ 和 $y=(0,2i)(1\leqslant i\leqslant k-1)$, 根据 P 的选择, $P=(0,0)(1,2k-1)(1,2k-2)\cdots(1,2i)(0,2i)$. P 的长度等于 $2k-2i+1$. 而 $(0,0)(1,0)(0,2k-1)$ $(0,2k-2)\cdots(0,2i)$ 是 C 中连接 x 和 y 的一条路. 因此 $d_C(x,y)\leqslant 2k-2i+1$. 这和 $d_C(x,y)>d_{H_{2,2k}}(x,y)$ 矛盾.

如果 x 和 y 和点 $(1,0)$ 或 $(0,0)$ 都不同, 不妨设 $x=(0,2i)$, $y=(0,2j)(i<j)$, 则 $(1,2i)$ 和 $(1,2j)$ 一定都在 P 上. 由 $H_{2,2k}$ 中 P 的最小性, $P=(0,2i)(1,2i)(1,2i+1)(1,2i+2)\cdots(1,2j)(0,2j)$ 且 P 的长度等于 $2j-2i+2$. 又 $(0,2i)(0,2i+1)(0,2i+2)\cdots(0,2j)$ 是 C 中连接 x 和 y 的一条路. 因此 $d_C(x,y)\leqslant 2j-2i$. 这和 $d_C(x,y)>d_{H_{2,2k}}(x,y)$ 矛盾.

其次, 我们证明 $H_{2,2k}$ 的每一个面圈都是都是等距离的. 任取一个面圈 $C_i=$ $(0,2i)(1,2i)(1,2i+1)(1,2i+2)(0,2i+2)(0,2i+1)(0,2i)$, 其中 $0\leqslant i\leqslant k-2$. 对 C_i 中距离为 2 的任意两点, 容易看出它们在 $H_{2,2k}$ 中距离也是 2. 我们只需证明在 C_i 中距离为 3 的任意两点它们在 $H_{2,2k}$ 的距离也是 3. 不妨设 $x=(0,2i)$, $y=(1,2i+2)$, 则 $d_C(x,y)=3$. 由于 $N_{H_{2,2k}}(x)\bigcap N_{H_{2,2k}}(y)=\varnothing$, 所以 $d_{H_{2,2k}}(x,y)\geqslant 3$. 因此 $d_{H_{2,2k}}(x,y)=d_C(x,y)=3$. 通过类似的讨论可知 $C_{k-1}=(0,2k-2)(0,2k-1)(1,0)(0,0)(1,2k-1)(1,2k-2)(0,2k-2)$ 在 $H_{2,2k}$ 中也是等距离圈.

假设 $H_{2,2k}$ 是 l_1 - 嵌入的. 令 $\alpha:=l((0,0)(1,0))$. 那么由引理 5.30, 我们有
$$l((0,2i)(1,2i))=l((0,0)(1,0))=\alpha \qquad (1\leqslant i\leqslant k-1)$$

和 $l((0,0)(1,0))⊑l((0,k-1)(0,k))\bigcup l((0,k)(0,k+1))$（在圈 C 中）.

如果 k 是奇数,由引理 5.30,则

$l((0,k-1)(1,k-1))=l((0,0)(1,0))⊑l((0,k-1)(0,k))\bigcup l((0,k)(0,k+1))$,

且由引理 5.28,有 $d_{H_{2,2k}}((1,k-1),(0,k+1))<3$,但是 $d_{H_{2,2k}}((1,k-1),(0,k+1))=3$,矛盾.

如果 k 是偶数,由引理 5.30,则

$l((0,k)(1,k))=l((0,0)(1,0))⊑l((0,k-1)(0,k))\bigcup l((0,k)(0,k+1))$

且

$$l((0,k)(1,k))\bigcap l((0,k-1)(0,k))\neq\varnothing$$

而 $(0,k+1)(0,k)(1,k)(1,k-1)$ 是一条连接 $(0,k+1)$ 和 $(1,k-1)$ 的路.因此有引理 5.28,$d_{H_{2,2k}}((0,k+1),(1,k-1))<3$,但 $d_{H_{2,2k}}((0,k+1),(1,k-1))=3$,矛盾.

情形 2　$m=2$.

1. $k=1$. 见图 9-5.

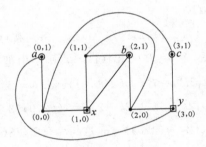

图 9-5　$H_{4,2}$

设 $x=(1,0),y=(3,0),a=(0,1),b=(2,1),c=(3,1)$. 则我们有:$d(a,b)=3,d(a,c)=2,d(b,c)=3,d(x,y)=3;d(x,a)=2,d(x,b)=1,d(x,c)=2,d(y,a)=1,d(y,b)=2,d(y,c)=1$.

因此

$$d(x,y)+(d(a,b)+d(a,c)+d(b,c))=3+(3+2+3)=11$$

而

$$(d(x,a)+d(x,b)+d(x,c))+(d(y,a)+d(y,b)+d(y,c))$$
$$=(2+1+2)+(1+2+1)=9$$

那么这五个点违反了引理 9.1 中的五边形不等式. 因此 $H_{4,2}$ 不是一个 l_1 - 图.

2. $k=2$. 见图 9-6(a).

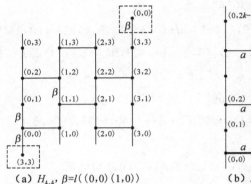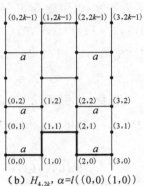

(a) $H_{4,4}$, $\beta = l((0,0)(1,0))$　　　　(b) $H_{4,2k}$, $\alpha = l((0,0)(1,0))$

图 9-6　$k=2$

假设 $H_{4,4}$ 是一个 l_1 - 图. 令 $\beta_: = l((0,0)(0,1))$. 已经知道 $H_{4,4}$ 中每个面圈都是等距离圈, 则由引理 5.30, $l((3,3)(0,0)) = l((2,2)(2,3)) = l((1,1)(1,2)) = l((0,0)(0,1)) = \beta$. 但是边 $(3,3)(0,0)$ 和 $(0,0)(0,1)$ 是相邻的. 这和引理 5.31 矛盾.

3. $k \geqslant 3$. 见图 9-6(b).

$P = (0,0)(1,0)(1,1)(2,1)(2,0)(3,0)$ 是一条连接 $(0,0)$ 和 $(3,0)$ 的最短路. 假设 $H_{4,2k}$ 是一个 l_1 - 图. 令 $\alpha = l((0,0)(1,0))$, 则由引理 5.30, 我们知道

$$l((0,2i)(1,2i)) = l((0,0)(1,0)) = \alpha \qquad (1 \leqslant i \leqslant k-1)$$

$$l((0,2k-2)(1,2k-2)) = l((2,0)(3,0))$$

因此 $l((0,0)(1,0)) = l((2,0)(3,0)) = \alpha$, 这与引理 5.28(2) 矛盾.

情形 3　$m \geqslant 3$.

1. m 是奇数. 见图 9-7.

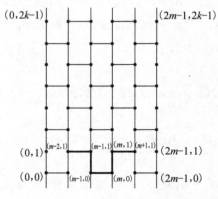

图 9-7　$H_{2m,2k}$, $m \geqslant 3$, m 是奇数

$P=(m-2,1)(m-1,1)(m-1,0)(m,0)(m,1)(m+1,1)$ 是 $(m-2,1)$ 和 $(m+1,1)$ 之间的一条最短路. 如果 $H_{2m,2k}$ 是一个 l_1 - 图,则由引理 5.30,$l((m-2,1)(m-1,1))=l((m-2,2i+1)(m-1,2i+1))(1\leqslant i\leqslant k-1)$,而 $l((m-2,2k-1)(m-1,2k-1))=l((m,1)(m+1,1))$. 这样 $l((m-2,1)(m-1,1))=l((m,1)(m+1,1))$,与引理 5.28(2)矛盾.

2. m 是偶数.见图 9-8.

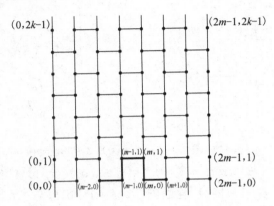

图 9-8 $H_{2m,2k}$,$m\geqslant3$,m 是偶数

$P=(m-2,0)(m-1,0)(m-1,1)(m,1)(m,0)(m+1,0)$ 是 $(m-2,0)$ 和 $(m+1,0)$ 之间的一条最短路.假如 $H_{2m,2k}$ 是一个 l_1 - 图,则由引理 10.8,$l((m-2,0)(m-1,0))=l((m-2,2i)(m-1,2i))$,其中 $1\leqslant i\leqslant k-1$ 且在面圈 $(m-2,2k-2)(m-2,2k-1)(m+1,0)(m,0)(m-1,2k-1)(m-1,2k-2)(m-2,2k-2)$ 中,$l((m-2,2k-2)(m-1,2k-2))=l((m,0)(m+1,0))$. 这样 $l((m-2,0)(m-1,0))=l((m,0)(m+1,0))$,与引理 5.28(2)矛盾.

到此为止,所有的情况我们都研究过了,证毕.

9.1.3　莫比乌斯带上的六边形堆砌奇图的 l_1 - 嵌入

对于图 $H_{3,3}$,我们使用 l_1 - 图的识别算法判定它就是一个 l_1 - 图. 对于其他的图 $H_{2m+1,2k+1}$,我们使用反证法来证明它们的边不具有 l_1 - 标号.

定理 9.4　$H_{2m+1,2k+1}(m,k\geqslant1)$ 是一个 l_1 - 图当且仅当 $m=k=1$.

证明:为了证明这个结果,像在定理 9.3 中一样,我们根据 m 和 k 的值把图 $H_{2m+1,2k+1}$ 分成几类.

情形 1 $m=1$.

1. $k=1$. 见图 9-9(a). 事实上, 它与图 9-9(b)中的图同构. 利用文献[48]中描述的 l_1 - 图的识别算法, 我们知道 $H_{3,3}$ 可以 2 倍地嵌入到 Q_7 中, 其顶点的标号在图 9-9(b)中也已经给出.

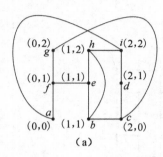 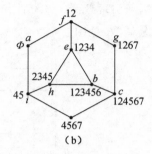

图 9-9 $H_{3,3}$

2. $k>1$. 见图 9-10. $P=(0,1)(1,1)(1,0)(2,0)$ 是连接 $(0,1)$ 和 $(2,0)$ 的一条最短路. 如果 $H_{3,2k+1}$ 是一个 l_1 - 图, 则由引理 5.30, $l((0,1)(1,1))=l((0,2i+1)(1,2i+1))(1\leqslant i\leqslant k-1)$. 同时, 在面圈 $(0,2k-1)(0,2k)(2,0)(1,0)(1,2k)(1,2k-1)(0,2k-1)$ 中, $l((0,2k-1)(1,2k-1))=l((1,0)(2,0))$. 于是 $l((0,1)(1,1))=l((1,0)(2,0))$, 矛盾.

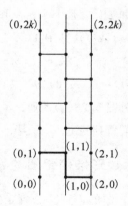

图 9-10 $H_{3,2k+1}$

情形 2 $m\geqslant 2$.

1. m 是奇数. 见图 9-11. $P=(m-1,1)(m,1)(m,0)(m+1,0)$ 是连接 $(m-1,1)$ 和 $(m+1,0)$ 的一条最短路. 假设 $H_{2m+1,2k+1}$ 是一个 l_1 - 图, 则由引理 5.30, $l((m-1,1)(m,1))=l((m-1,2i+1)(m,2i+1))(1\leqslant i\leqslant k-1)$, 而在面圈

$(m-1,2k-1)(m-1,2k)(m+1,0)(m,0)(m,2k)(m,2k-1)(m-1,2k-1)$ 中，$l((m-1,2k-1)(m,2k-1))=l((m,0)(m+1,0))$. 因此 $l((m-1,1)(m,1))=l((m,0)(m+1,0))$，这与引理 5.28(2) 矛盾.

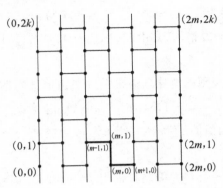

图 9 - 11 $H_{2m+1,2k+1}$，$m \geqslant 2$，m 是奇数

2. m 是偶数. 见图 9 - 12. $P=(m-1,0)(m,0)(m,1)(m+1,1)$ 是连接 $(m-1,0)$ 和 $(m+1,1)$ 的一条最短路. 假如 $H_{2m+1,2k+1}$ 是一个 l_1 - 图，则 $l((m-1,0)(m,0))=l((m-1,2i)(m,2i))$ $(1 \leqslant i \leqslant k)$，而 $l((m-1,2k)(m,2k))=l((m,1)(m+1,1))$. 因此 $l((m-1,0)(m,0))=l((m,1)(m+1,1))$，跟引理 5.28(2) 相矛盾. 到此为止，证明已经完成，在所有的莫比乌斯带上的六边形堆砌奇图 $H_{2m+1,2k+1}$ 中，只有 $H_{3,3}$ 是 l_1 - 可嵌入的.

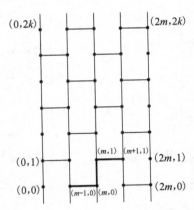

图 9 - 12 $H_{2m+1,2k+1}$，$m \geqslant 2$，m 是偶数

9.2 规则的莫比乌斯带上的四边形堆砌图的 l_1 - 嵌入

记路 P_k 的顶点集为 $\{0,1,\cdots,k-1\}$,其中 i 与 $i+1(0\leqslant i\leqslant k-2)$ 相邻,则 $P_p\square P_q$ 是一个 $p\times q$ 的方格网,其中 $V(P_p\square P_q)=\{(i,j)\mid 0\leqslant i\leqslant p-1,0\leqslant j\leqslant q-1\}$.

长为 q、宽为 p 的规则的莫比乌斯带上的四边形堆砌图定义如下:在 $P_p\square P_q$ 中添加边 $\{(i,0),(p-1-i,q-1)\}(0\leqslant i\leqslant p-1)$,记为 $Q_{p,q}$(见图 10-7).其中的每个四边形称为 $Q_{p,q}$ 的面圈.当 $p=1$ 时,$Q_{p,q}$ 可看成是一个退化的莫比乌斯带上的四边形堆砌图.

引理 9.5 $Q_{p,q}$ 是一个 l_1 - 图当且仅当 $p=q=2$ 或 $p=1$.

证明:如果 $p=1$,$Q_{p,q}$ 是一个圈,结果是平凡的.对 $p\geqslant2$,图 $Q_{p,q}$ 分成两大类 $p=2$ 和 $p\geqslant3$.在我们的证明中,对每一类图我们都固定 p,然后让 q 变化.除了图 $Q_{2,2}$,对其他任何一个图 $Q_{p,q}$,我们首先假定它是一个 l_1 - 图,然后考虑它的边上的 l_1 - 标号,可推出与之前的引理相矛盾.

1. $p=2$.

① $q=2$.见图 9-13.显然 $Q_{2,2}$ 与 K_4 同构.已经知道 K_4 是一个 l_1 - 图[45],它可以 2 倍地嵌入到 Q_4 中,其顶点的标号在图 9-13 中用 $\{1,2,3,4\}$ 的子集也已给出.

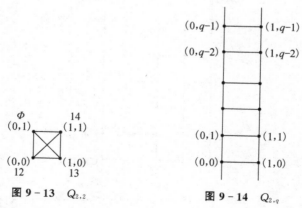

图 9 - 13 $\quad Q_{2,2}$

图 9 - 14 $\quad Q_{2,q}$

② $q\geqslant3$.见图 9-14.

首先我们有以下断言:面圈 $C_i=(0,i)(1,i)(1,i+1)(0,i+1)(0,i)(0\leqslant i\leqslant q-2)$ 和 $C_{q-1}=(0,0)(1,0)(0,q-1)(1,q-1)(0,0)$ 在 $Q_{2,q}$ 中是等距离的.事实上,只需考

虑在 C_i 和 C_{q-1} 距离为 2 的顶点. 这些顶点在 $Q_{2,q}$ 中是不相邻的. 因此断言成立.

我们也能很容易地证明圈 $C=(1,0)(0,0)(0,1)(0,2)\cdots(0,q-1)(1,0)$ 在 $Q_{2,q}$ 中是等距离的. C 的长度等于 $q+1$.

假设 $Q_{2,q}$ 是一个 l_1 - 图, 则对所有的 $1\leqslant i\leqslant q-1$, $l((0,0)(1,0))=l((0,i)(1,i))$.

如果 q 是奇数, 则

$$l\left(\left(0,\frac{q-1}{2}\right)\left(0,\frac{q+1}{2}\right)\right)=l((0,0)(1,0))$$

因为

$$l\left(\left(0,\frac{q-1}{2}\right)\left(1,\frac{q-1}{2}\right)\right)=l((0,0)(1,0))$$

因此

$$l\left(\left(0,\frac{q-1}{2}\right)\left(1,\frac{q-1}{2}\right)\right)=l\left(\left(0,\frac{q-1}{2}\right)\left(0,\frac{q+1}{2}\right)\right)$$

但是边 $\left(0,\frac{q-1}{2}\right)\left(0,\frac{q+1}{2}\right)$ 和边 $\left(0,\frac{q-1}{2}\right)\left(1,\frac{q-1}{2}\right)$ 是相邻的, 这与引理 5.28 矛盾.

如果 q 是偶数, 则由引理 10.8, $l((0,0)(1,0))\subset l\left(\left(0,\frac{q}{2}-1\right)\left(0,\frac{q}{2}\right)\right)\bigcup$ $l\left(\left(0,\frac{q}{2}\right)\left(0,\frac{q}{2}+1\right)\right)$ 且

$$l((0,0)(1,0))\bigcap l\left(\left(0,\frac{q}{2}\right)\left(0,\frac{q}{2}+1\right)\right)\neq\varnothing$$

因为

$$l\left(\left(0,\frac{q}{2}\right)\left(1,\frac{q}{2}\right)\right)=l((0,0)(1,0))$$

$$l\left(\left(0,\frac{q}{2}\right)\left(1,\frac{q}{2}\right)\right)\bigcap l\left(\left(0,\frac{q}{2}\right)\left(0,\frac{q}{2}+1\right)\right)\neq\varnothing$$

由引理 5.28, 这说明 $d\left(\left(0,\frac{q}{2}+1\right),\left(1,\frac{q}{2}\right)\right)<2$, 但 $\left(0,\frac{q}{2}+1\right)$ 与 $\left(1,\frac{q}{2}\right)$ 不相邻, 矛盾.

2. $p\geqslant 3$.

① p 是奇数. 见图 9 - 15. 路 $\left(\frac{p-3}{2},0\right)\left(\frac{p-1}{2},0\right)\left(\frac{p+1}{2},0\right)$ 是 $\left(\frac{p-3}{2},0\right)$ 和 $\left(\frac{p+1}{2},0\right)$ 之间的一条最短路. 假设 $Q_{p,q}$ 是一个 l_1 - 图, 则由引理 5.30,

$$l\left(\left(\frac{p-3}{2},0\right)\left(\frac{p-1}{2},0\right)\right)=l\left(\left(\frac{p-3}{2},i\right)\left(\frac{p-1}{2},i\right)\right)\qquad(1\leqslant i\leqslant q-1)$$

且
$$l\left(\left(\frac{p-1}{2},q-1\right)\left(\frac{p+1}{2},q-1\right)\right)=l\left(\left(\frac{p-1}{2},0\right)\left(\frac{p+1}{2},0\right)\right)$$

因此,
$$l\left(\left(\frac{p-3}{2},0\right)\left(\frac{p-1}{2},0\right)\right)=l\left(\left(\frac{p-1}{2},0\right)\left(\frac{p+1}{2},0\right)\right)$$

但是边 $\left(\frac{p-3}{2},0\right)\left(\frac{p-1}{2},0\right)$ 和 $\left(\frac{p-1}{2},0\right)\left(\frac{p+1}{2},0\right)$ 是相邻的,与引理 5.28 矛盾.

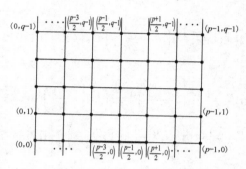

图 9-15 $Q_{p,q}$, p 是奇数

② p 是偶数. 见图 9-16.

设 $x=\left(\frac{p}{2}-2,0\right)$, $z=\left(\frac{p}{2}-1,0\right)$, $w=\left(\frac{p}{2},0\right)$, $y=\left(\frac{p}{2}+1,0\right)$. 假设 $Q_{p,q}$ 可以 λ 倍地嵌入到超立方图中. 令 $\alpha:=l(xz)$,那么由引理 10.8,
$$l\left(\left(\frac{p}{2}-2,i\right)\left(\frac{p-1}{2},i\right)\right)=l(xz)=\alpha \qquad (1\leqslant i\leqslant q-1)$$
$$l\left(\left(\frac{p}{2}-2,q-1\right)\left(\frac{p-1}{2},q-1\right)\right)=l(wy)$$

这样 $l(xz)=l(wy)=\alpha$. 则
$$|\phi(x)\triangle\phi(y)|=|l(xz)\triangle l(zw)\triangle l(wy)|=|l(zw)|=\lambda$$

这样,x 和 y 是相邻的,矛盾.因此 $Q_{p,q}$ 是一个 l_1-图.

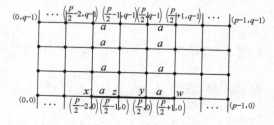

图 9-16 $Q_{p,q}$, p 是偶数,$\alpha=l(xz)$

第 10 章　莫比乌斯带上的四边形地图的 l_1 – 嵌入

10.1　引言

本章所考虑的图都是有限的、无向图,没有自环和重边. 对图 G,让 $V(G)$ 和 $E(G)$ 表示 G 的顶点集和边集. 我们仅仅考虑连通图. 这里为使读者方便,我们介绍所需要的若干记号和概念. 如果对 G 的任意两个顶点 u 和 v,它们之间都存在一条 u,v – 路,则称图 G 是连通的. 图 G 中两个顶点 u 和 v 之间的距离 $d_G(u,v)$ 是图 G 中一条最短的 u,v – 路所包含的边的数目. 如果图 G 从上下文来看是清楚的,则我们简记它为 $d(u,v)$. 图 G 的一个子图 H 称为凸的,如果对 H 的任意两个顶点 u 和 v,在最短的 u,v – 路上的顶点全部落在 H 中. 假设 v 是 G 的一个顶点,与 v 相邻的顶点称为 v 的邻点,顶点 v 的所有的邻点构成的集合称为 v 的邻域,记为 $N(v)$. 如果 $|N(v)|=i$,则称 v 是 i – 次(– valent). 数字 i 就是顶点 v 在 G 中的度(或次),记作 $d_G(v)$. 如果 G 从上下文不会引起混淆的话,简记为 $d(v)$. 如果 U 是 G 的顶点集的一个子集,那么由 U 作为顶点集,G 中连接 U 的两个顶点的所有的边构成的子图,称为 U 导出的子图,记为 $G[U]$. 假设 E' 是 $E(G)$ 的一个非空子集,顶点集是 E' 的边的端点构成的集合,边集就是 E' 构成的 G 的子图称为 G 的由 E' 导出的子图,记为 $G[E']$.

对图 H 和一个给定的正整数 λ,映射 $\phi:V(G)\to V(H)$,称为 λ – 嵌入. 如果对 G 的任意的两个顶点 x,y,我们有 $d_H(\phi(x),\phi(y))=\lambda d_G(x,y)$. 如果 $\lambda=1$,则 ϕ 称为 G 到 H 的一个等距离嵌入.

两个图 G 和 H 的卡式积 $G\square H$ 是指具有顶点集合 $V(G)\times V(H)$,其中的两个顶点 (u,x) 与相邻 (v,y) 当且仅当 $uv\in E(G)$,$x=y$,或 $u=v$,$xy\in E(H)$.

n – 维超立方体图 Q_n 构造如下:设 $\Omega=\{1,2,\cdots,n\}$. Q_n 的顶点是 Ω 的所有子集. 两个顶点 A 和 B 是相邻的当且仅当 $|A\triangle B|=1$,其中 $\triangle$ 表示集合的对称差,即 $A\triangle B=(A\backslash B)\cup(B\backslash A)$. 那么在 Q_n 中任意两个顶点 A 和 B 的距离正好等于 $|A\triangle B|$. 超立方体 Q_n 可以表示成 n 个 K_2 的卡式积. 图 G 称为部分立方图

(partial cube 或 binary Hamming graph)[73],如果图 G 能够等距离嵌入到某个超立方体 Q_n 中,其中 n 是一个正整数.

一个连通图 G 称为一个 l_1 - 图,如果存在到某个带有 1 - 范数 $\|\cdot\|_1$ 的 $\mathbb{R}^n$ 的一个距离保持映射 φ,即

$$d_G(x,y) = \|\varphi(x) - \varphi(y)\|_1$$

对 G 的所有顶点 x 和 y. 对 $x = (x_1, x_2, \cdots, x_n) \in \mathbb{R}^n$,我们有 $\|x\|_1 = \sum_{i=1}^{n} |x_i|$. Assouad 和 Deza[2] 证明了一个图 G 是 l_1 - 图当且仅当存在某两个整数 λ 和 k,使得它可以 λ - 嵌入到一个超立方体图 Q_k 中. 根据文献[104],λ 是 1 或者一个偶数.

Shpectorov[104] 证明了一个图是 l_1 - 图当且仅当它可以等距离嵌入到完全图、半立方图和鸡尾酒会图的卡式积中. Blake 和 Gilchrist[21] 证明了二部的 l_1 - 图与部分立方图是一致的. 在文献[48]中,Deza 和 Shpectorov 将[105]中的算法给出了其详细步骤,并且确定出它的算法复杂度.

这里我们吸收文献[100]中的术语. 一个地图是指一个有序对 (K, G),其中 K 是一个紧致曲面(可能带有边界),G 是规则的嵌入到 K 上的图,满足:

1. 如果 $K \backslash G$ 的每个连通分支同胚于一个开圆盘;
2. K 的边界 G 的一个子图.

根据定义,一个地图可能是不连通的. (K, G) 的一个面是 $K \backslash G$ 的一个连通分支在 K 中的闭包. 具有 k 条边的面称为 k - 边形. 如果 K 有一个边界,那么包含至少一个边界点的面称为边界面;不包含任何一个边界点的面称为内面;只跟一个面相关联的边称为边界边;其他的都称为内边. 地图 (K, G) 称为四边形地图,如果 (K, G) 的每个面都是 4 - 边形,所有的内点都是 4 度的,所有的边界点是 2 度、3 度或 4 度的. 如果 K 是一个圆盘,则 (K, G) 称为一个平面四边形地图(见图 10 - 1). 如果 K 是一个莫比乌斯带,(K, G) 称为一个莫比乌斯上的四边形地图(见图 10 - 2). 如果 K 是一个圆柱体,(K, G) 称为圆柱面上的四边形地图. 事实上,我们的地图是 2 - 维胞腔复形,每个面都是一个 2 - 胞腔. 一个空间 X,若它与一个点是同胚的,则称此空间为零伦的[69]. 另外,我们需要地图的每个顶点的周围是确定的非退化的情形. 为解释这点,最容易的方式就是给出一个顶点 v 周围的关联的面的所有的可能的情形. 如图 10 - 3 所示,其中阴影部分代表着面,在情形(a)-(c)中,顶点 v 是边界点,在情形(d)中,它是内点.

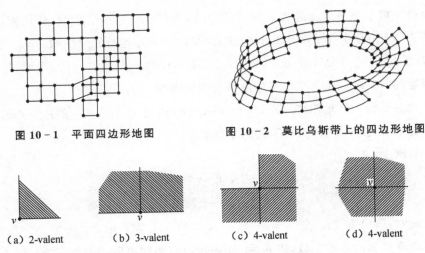

图 10 - 1　平面四边形地图　　　图 10 - 2　莫比乌斯带上的四边形地图

（a）2-valent　　　（b）3-valent　　　（c）4-valent　　　（d）4-valent

图 10 - 3　顶点 v 关联的面可能的所有情形

本章第二部分,我们研究欧拉示性数,平衡数以及平面的(圆柱面的或莫比乌斯带上的)四边形地图的其他性质.第三部分我们介绍 l_1 - 图的标号.第四部分则研究了四边形地图的最短的非零伦圈的性质.第五部分,对每个一般的 l_1 - 嵌入的莫比乌斯带上的四边形地图,在沿着最短的非零伦圈 C 割开后,每个分支都是平面的四边形地图.将分支定义为顶点,两个分支共享 C 的一部分,则连一条边,如此构成一个分支图.最后对任何一个一般的 l_1 - 嵌入的莫比乌斯带上的四边形地图,它的分支图是一个单圈图加上一些悬挂边.

10.2　四边形地图

在本节,我们研究平面上的、圆柱面上的、莫比乌斯带上的四边形地图的一些性质.

定义 10.1　一个地图 (K, G) 的欧拉示性数,记为 $\chi(G)$,定义为曲面 K 的欧拉示性数,就是顶点数加上面数减去边数.

从文献[64],我们知道,当 K 是闭的,如果 K 是带有 g 个把手的可定向的曲面,则 $\chi(G) = 2 - 2g$(Theorem 3.3.1[64]);如果 K 是带有 k 个交叉帽的不可定向曲面,则 $\chi(G) = 2 - k$(Theorem 3.3.2[64]).如果我们从球面上去掉一个面,则球面变成了圆盘;如果我们从球面上去掉两个不相交的面,则它变成了一个圆柱面;如果我们从射影平面上去掉一个面,则它变成了一个莫比乌斯带.被去掉的面的边界则变成了剩下曲面的边界的一部分. 因此, 当 K 是一个圆盘、圆柱面或莫比乌斯带, $\chi(G)$ 分别等于 $1, 0, 0$. 反过来, 如果 (K, G) 是连通的, 且 $\chi(G)$ 等于 1 或 0, 则 (K, G) 是一个平面上的或圆柱面上的, 或莫比乌斯带上的地图. 如果 (K, G) 是不连通的, 则 $\chi(G)$ 是各个分支的欧拉示性数的和.

对一个四边形地图 (K, G), 令 n_2 和 n_4 分别表示度为 2 和 4 的边界点的个数, 我们称 $b(G) := n_2 - n_4$ 为 (K, G) 的平衡数.

引理 10.2

$$b(G) = \begin{cases} 4, & \text{如果 } K \text{ 是一个圆盘,} \\ 0, & \text{如果 } K \text{ 一个圆柱面或莫比乌斯带.} \end{cases}$$

证明: 假设 K 是一个圆盘, 令 n_2, n_3, n_4 和 i_4 分别表示 2 - 度的, 3 - 度的, 4 - 度的边界点和内点的个数, 用 m 和 f_4 表示边数和四边形的个数, 我们有

$$2n_2 + 3n_3 + 4n_4 + 4i_4 = 2m \tag{10.1}$$

$$4f_4 + (n_2 + n_3 + n_4) = 2m \tag{10.2}$$

此外, 我们还有

$$[(n_2 + n_3 + n_4) + i_4] - m + f_4 = \chi(G) = 1 \tag{10.3}$$

把方程 (10.2) 代入方程 (10.3) 中, 我们得到

$$i_4 = 1 + 3f_4 - m \tag{10.4}$$

把方程 (10.4) 代入方程 (10.1), 我们得到

$$2n_2 + 3n_3 + 4n_4 + 4 + 12f_4 = 6m \tag{10.5}$$

从方程 (10.2), 现在我们可得

$$4f_4 = 2m - (n_2 + n_3 + n_4) \tag{10.6}$$

把方程 (10.6) 代入方程 (10.5), 我们得到 $n_2 - n_4 = 4$. 因此 $b(G) = 4$.

如果 K 是一个圆柱面或莫比乌斯带, 我们只需要把圆柱面或莫比乌斯带的欧拉示性数 0 代入方程 (10.3). 通过相似的计算, 我们可得 $n_2 - n_4 = b(G) = 0$. ■

显然, 不连通地图的平衡数是它的连通分支的平衡数的和.

命题 10.3 如果 (K, G) 是一个不连通的四边形地图, 每个分支是圆盘 (设为 k 个)、圆柱面或莫比乌斯带, 那么 (K, G) 的平衡数等于 $4k$. ■

我们吸收在文献 [88] 中使用的术语: 这里我们把图 G 嵌入到一个曲面 M 上. 对图 G 中的一条路 $P = v_0 v_1 \cdots v_k$, 我们在 v_0 周围的曲面选定一个方向, 然后将这个方向延续到这条路上的每个顶点上. 这样我们就可以说路 P 在每个顶点上左转, 右转或直行 (见图 10 - 4). 当顶点 v_i 是 4 - 度的, 我们对这条路就有三种选择,

否则,我们只有两种或一种可能的选择通过顶点 v_i. 如果这条路是闭的,即是一个圈, $v_0 v_1 \cdots v_k v_0$,则最后回到出发点 v_0 时,路的方向可能与初始的方向一致,也可能不一致. 值得注意的是,在 v_0 点两个方向一致的时候,这个圈就是零伦的.

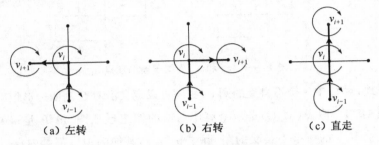

（a）左转　　　（b）右转　　　（c）直走

图 10 - 4　路 $\gamma = uvw$ 的前行方式示意图

任取一个四边形地图的两个边界点 x, y,令 P 是连接 x 和 y 的一条不自交的路. 当 P 的起点的方向选定的时候,在 P 的每个顶点处的转弯方向也就是确定的了. 沿着路 P 割四边形地图 (M, G),则从 (M, G) 通过下面的步骤生成一个新的地图 (M', G'):

1. 把 P 上的每个顶点 v 用两个的顶点 v_1 和 v_2 替代.

2. 如果 $vu \in E(P)$,插入边 $v_1 u_1$ 和边 $v_2 u_2$.

3. 连接 v_1 和 P 左边 v 的所有的邻点;连接 v_2 到 P 的右边 v 的所有的邻点.

4. 经过上述步骤之后,删除那些与面不相邻的顶点和边,则所得结果是一个地图. 在相似的精神下,我们把分离顶点的方式在图 10 - 5 和图 10 - 6 中演示如下.

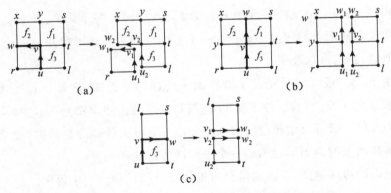

图 10 - 5　沿着一条路 P 割一个四边形地图的示意图

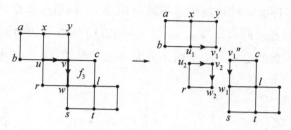

图 10-6 v_1' 和 v_1'' 等同于新的顶点 v_1

同样地,对 G 中一个不自交的圈 C,我们可以定义沿着 C 割四边形地图 (M,G).

引理 10.4 假设 (M,G) 是一个莫比乌斯的四边形地图.设 P 是 G 中连接两个边界点 x 和 y 的一条不自交的路,除了 x 和 y,其他的顶点都是内点.如果我们沿着 P 割开 (M,G),则所得地图 (M',G') 要么是一个平面的四边形地图,要么是一个更小的莫比乌斯的四边形地图和一个平面的四边形地图的并.

证明: 令 C_1 和 C_2 是 (M,G) 的边界 $\partial(M)$ 被 x 和 y 分开的两段.注意到 (M',G') 的每一段边界和每个分支将有一部分是 (M,G) 的边界.特别地,(M',G') 至多有两段,因此至多有两个分支.

假设 (M,G) 有 n 个顶点、m 条边和 f 个面,我们有 $\chi(G)=n-m+f=0$.假设路 P 有 p 个顶点.分别用 n',m',f' 表示 (M',G') 的顶点数、边数和面数,则 $n'=n+p,m'=m+(p-1),f'=f$.因此 $\chi(G')=n'-m'+f'=n+p-[m+(p-1)]+f=n-m+f+1=1$.另外我们知道对一个连通地图 (K,G),$\chi(G)\leqslant1$.而 $\chi(G)=1$ 当且仅当 K 是一个圆盘,$\chi(G)=0$ 当且仅当 K 是一个圆柱面或一个莫比乌斯带.如果 (M',G') 只有一个分支,则它是平面的四边形地图.如果 (M',G') 有两个分支,则其中的每个分支都不是圆柱面,因为圆柱面有两个边界.因此,(M',G') 是一个莫比乌斯带上的四边形地图和一个平面的四边形地图的并. ∎

类似地,我们可以证明:

引理 10.5 设 (C,H) 是一个圆柱面上的四边形地图.P 是一条连接两个边界点 x 和 y 的不自交的路,除了 x 和 y,其他的所有的顶点都是内点.如果我们沿着 P 割 (C,H),则所得结果 (C',H') 要么是一个平面的四边形地图,要么是一个更小的圆柱面上的四边形地图和一个平面四边形地图的并. ∎

对平面四边形地图,下面的结果可以从文献 [31] 和 [30] 中得出.

定理 10.6 每个平面的四边形地图是一个部分立方图. ∎

10.3 l_1 - 图的边标号

下面我们来研究关于 l_1 - 图的边标号.

设 G 是一个有限的 l_1 - 图, ϕ 是图 G 到超立方体 Q_n 的一个规模为 λ 的嵌入. 我们把图 G 的每条边 uv 给一个标号: $l(uv) = \phi(u) \triangle \phi(v)$. 对 G 的一条边 $e = uv$, $|\phi(u) \triangle \phi(v)| = d_{Q_n}(\phi(u), \phi(v)) = \lambda \cdot d_G(u, v) = \lambda$. 也就是说, 每条边的标号恰好包含 $\{1, 2, \cdots, n\}$ 中的 λ 个元素.

引理 10.7[48,88] 设 u, v 是 l_1 - 图 G 的两个顶点, ϕ 是 G 到超立方体图中的一个 λ - 嵌入, 则下列几条成立:

1. 如果 $\gamma = u u_1 u_2 \cdots u_{k-1} v$ 是从 u 到 v 的一条路, 则 $\phi(u) \triangle \phi(v) = l(u u_1) \triangle l(u_1 u_2) \triangle \cdots \triangle l(u_{k-1} v)$, 且

2. 如果 γ 是一条测地线, 则标号 $l(u u_1), l(u_1 u_2), \cdots, l(u_{k-1} v)$ 是两两不交的, 且 $\phi(u) \triangle \phi(v) = l(u u_1) \bigcup l(u_1 u_2) \bigcup \cdots \bigcup l(u_{k-1} v)$. 特别地, 从 u 到 v 的每条最短路上的每条边的标号包含在 $\phi(u) \triangle \phi(v)$ 中.

图 G 的子图 H 称为等距离的, 如果对 H 的任意两个顶点 u 和 v, $d_H(u, v) = d_G(u, v)$. 一般地, 设 $C_k = v_0 v_1 \cdots v_{k-1} v_0$ 是一个圈. 图 G 的一个等距离圈, 是指 $C_k (k \geqslant 3$ 任意正整数) 等距离嵌入到 G 中在所产生的像. C_k 的两条边 $v_i v_{i+1}$ 和 $v_j v_{j+1} (0 \leqslant i, j \leqslant k-1)$ 是相对的. 如果 $d_{C_k}(v_i, v_j) = d_{C_k}(v_{i+1}, v_{j+1})$ 且等于 C_k 的直径, 其中 $v_k = v_0$, 这样, 如果 k 是偶数, 每条边都有唯一的一条相对边; 否则每条边有两条相对边.

引理 10.8[48,88] 假设 C_k 是 G 的一个等距离圈, uv 和 xy 是 C_k 的一对相对边. 如果 k 是偶数, 则 $l(uv) = l(xy)$; 如果 k 是奇数, 则 $|l(xy) \bigcap l(uv)| = \frac{\lambda}{2}$. 进一步, 如果 k 是奇数, vw 是 xy 的另一条相对边, 则 $l(xy) \subset l(uv) \bigcup l(vw)$. 不相对的边的标号都是不交的.

引理 10.9[111] 如果图 G 是一个简单的 l_1 - 图, 则 G 的任意两条相邻的边的标号都是不相同的.

10.4　最短的非零伦圈

本节我们研究四边形地图 (M,G) 的最短的非零伦圈.

设 (M,G) 是一个四边形地图, C 是 (M,G) 的一个最短的非零伦圈,则我们有下面的引理.

引理 10.10　任意最短的非零伦圈 C 在 (M,G) 中是等距离的.

证明:假设 (M,G) 是一个四边形地图.如果 C 是一个 3 - 圈,引理显然成立.现在假设 $|C|\geqslant 4$.反证,假设 C 在 (M,G) 中不是等距离的.则存在 C 的两个顶点 u 和 v,使得 $d_C(u,v)>d_G(u,v)$.

设 P 是 G 中一条最短的 u,v - 路.则 C 分成两段 C_1 和 C_2,两段都以 u 和 v 作为它们的端点,那么 $D_1=P_{uv}\bigcup C_1$ 和 $D_2=P_{uv}\bigcup C_2$ 是比 C 更短的两个圈.然而,因为 C 是非零伦的, D_1 和 D_2 至少有一个是非零伦的,这与 C 在 G 中的最短性相矛盾. ■

我们可以立刻得到下面的推论.

推论 10.11　(M,G) 的每个最短的非零伦圈是不自交的. ■

因此对 (M,G) 的任意一个最短的非零伦圈,它沿着莫比乌斯带走一圈或者两圈.

现在我们重点考虑 l_1 - 嵌入的莫比乌斯带上的四边形地图和圆柱面上的四边形地图.因为 G 是 l_1 - 图,它可以 λ - 嵌入到某个超立方体图中.因此 G 的每条边 e 有一个标号 $l(e)$,此标号恰好有 λ 个元素.

引理 10.12　任意一个最短的非零伦圈 C 在 G 中是凸的.

证明:如果 C 是一个 3 - 圈,则结论成立.反证法,假设有一个最短的非零伦圈 $C=v_0v_1\cdots v_rv_0(r\geqslant 3)$ 在 G 中不是凸的.一定至少有两个顶点,除了 C 的两段,它们在图 G 中被另外一条最短的路 P 相连接.设 v_0 和 v_i 是 C 的这样的两个顶点,且 $d_G(v_0,v_i)$ 尽可能小.

设 $P=v_0u_1u_2\cdots u_{i-1}v_i$ 是不在 C 中连接 v_0 和 v_i 的一条最短路.不妨设圈 $v_0u_1\cdots u_{i-1}v_iv_{i+1}\cdots v_rv_0$ 是非零伦的.它与 C 有相同的长度,由引理 10.10,它在 G 中是等距离的.

如果 r 是奇数,则 C 是一个偶圈.那么利用引理 10.8, $l(v_0u_1)=l\left(v_{\frac{r+1}{2}}v_{\frac{r+3}{2}}\right)$ $=l(v_0v_1)$.与引理 10.9 相矛盾.

如果 r 是偶数，则 C 是一个奇圈. 为方便，把标号 $l(v_0u_1)$，$l(v_rv_0)$，$l(v_{\frac{r}{2}}v_{\frac{r}{2}+1})$，和 $l(v_0v_1)$ 分别用 A,B,D 和 E 来表示. 假设 G 是 λ - 嵌入到某超立方体中的. 则由引理 10.7，$A\cap B=\varnothing$，$A\cap E=\varnothing$，$B\cap E=\varnothing$. 再由引理 10.8，$|A\cap D|=|B\cap D|=|E\cap D|=\frac{\lambda}{2}$ 且 $D\subseteq B\cup E$. 因为 $A\cap D\subseteq D$，$|(A\cap D)\cap(B\cup E)|=|A\cap D|=\frac{\lambda}{2}$. 但是 $A\cap D\subseteq A$，$A\cap(B\cup E)=(A\cap B)\cup(A\cap E)=\varnothing$. 因此 $(A\cap D)\cap(B\cup E)\subseteq A\cap(B\cup E)=\varnothing$. 则 $|(A\cap D)\cap(B\cup E)|=0$，矛盾. ∎

在本节剩下的部分里，我们考虑四边形地图的每个面都是等距离的. 我们称这样的地图是一般的. 从引理 10.12，我们可得：

推论 10.13　设 (M,G) 是一个 l_1 - 嵌入的一般的莫比乌斯四边形地图，C 是 (M,G) 的一条最短的非零伦圈，则 C 上的任意两条相继边不能包围同一个面. ∎

使用转弯的术语的话，推论 10.13 说明 C 在一个 l_1 - 嵌入的一般的莫比乌斯带（或圆柱面）上的四边形地图中将尽可能地直走. 只有当它在一边没有面的时候，它才可能转弯.

路 P_k 是具有顶点集 $\{0,1,\cdots,k-1\}$ 的一个图，边集是 $\{i(i+1)\,|\,0\leqslant i\leqslant k-2\}$，则 $P_p\square P_q$ 是一个 $p\times q$ 的方格网，$V(P_p\square P_q)=\{(i,j)\,|\,0\leqslant i\leqslant p-1,0\leqslant j\leqslant q-1\}$. 图 $P_2\square P_k$ 称为一个 k - 梯图.

长度为 q、宽度为 p 的规则的莫比乌斯带上的四边形地图 $Q_{p,q}$（见图 10-7）是从 $P_p\square P_q$ 添加边 $\{(i,0),(p-1-i,q-1)\}$（$0\leqslant i\leqslant p-1,p,q>1$）得到的.

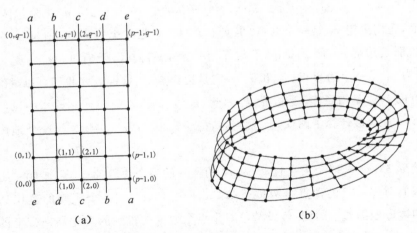

图 10-7　规则的莫比乌斯带上的四边形地图 $Q_{p,q}$

引理 10.14 假设一个莫比乌斯带上的四边形地图 (M,G),其所有的边界点都是三度的,则 (M,G) 同构于某个 $Q_{p,q}$,p 和 q 是正整数.

证明:设 $\partial G = u_0 u_1 \cdots u_{2q-1} u_0$ 是 (M,G) 的边界.在这个圈上,u_i 有两个邻点 u_{i-1} 和 u_{i+1}(指标是模 $2q$ 的).设 v_i 是 u_i 的第三个邻点.由于 ∂G 是一个圈,$C = v_0 v_1 \cdots v_{2q-1} v_0$ 也是一个圈.现在我们分三个情形来考虑.

情形 1 v_1 是一个边界点(见图 10 - 8).

假设 $f_1 = u_1 v_1 v_2 u_2$ 是 (M,G) 的一个面,则 v_2 是一个边界点.如果 v_2 不是一个边界点,它是 4 - 度的,则 v_2 是一个内点,那么 v_2 就被四个面包围着.因此,v_1 和 v_2 关联另一个面,则 v_1 是 4 - 度的,矛盾.我们使用同样的方式讨论证明所有的顶点 v_i 都是边界点.因此 $\{u_0, u_1, \cdots, u_{2q-1}\} = \{v_0, v_1, \cdots, v_{2q-1}\}$.这个地图同构于 $Q_{2,q}$.

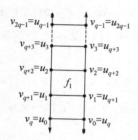

图 10 - 8　v_1 是一个边界点

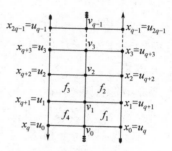

图 10 - 9　v_1 是一个内点,且有两个相邻的边界点

情形 2 v_1 是一个内点且它有另一个边界的邻点 x_1(见图 10 - 9).

令 $f_1 = v_1 v_0 x_0 x_1$、$f_2 = v_1 x_1 x_2 v_2$、$f_3 = v_1 v_2 u_2 u_1$ 和 $f_4 = v_1 u_1 u_0 v_0$ 是包围 v_1 的四个面,我们可得 v_2 是一个内点.事实上,如果 v_2 是一个边界点,则与 u_2 关联的三条边都是边界边,那么 $u_2 u_3$ 不与任何一个面相关联,矛盾.因此 v_2 是一个内点.因为 x_1 是一个边界点,x_2 和 x_0 一定是边界点.用这种方式我们可以继续证明对所有的 i,v_i 是内点,x_i 是边界点.因此 $\{x_0, x_1, \cdots, x_{2q-1}\} = \{u_0, u_1, \cdots, u_{2q-1}\}$ 和 $v_0, v_1, \cdots, v_{q-1}$ 被计算了两次,且 $v_0 = v_q$,$v_1 = v_{q+1}, \cdots, v_{q-1} = v_{2q-1}$.这个地图同构于 $Q_{3,q}$.

情形 3 v_1 是一个内点且 u_1 是 v_1 的唯一的一个边界邻点(见图 10 - 10).

我们对 (M,G) 的顶点个数进行归纳,证明 (M,G) 与一个规则的莫比乌斯带上的四边形地图 $Q_{p,q}$ 同构.假设结论对顶点个数少的规则的莫比乌斯带上的四边形地图 $Q_{p,q}$ 都成立.令 $f_1 = x_1 x_0 y_0 y_1$、$f_2 = x_1 y_1 y_2 x_2$、$f_3 = x_1 x_2 v_2 v_1$ 和 $f_4 = x_1 v_1 v_0 x_0$ 是围绕 x_1 的四个面.如果我们删掉 u_1,则 v_1 变成一个边界点,它是

3 - 度的. 像这样我们删掉所有的顶点 $u_i (0 \leqslant i \leqslant 2q-1)$, 剩下的地图 (M',G') 仍然是一个莫比乌斯带上的四边形地图且所有的边界点都是 3 - 度的. 利用归纳假设, (M',G') 同构于某个 $Q_{p,q}$. 这样 (M,G) 就与 $Q_{p+2,q}$ 同构. ■

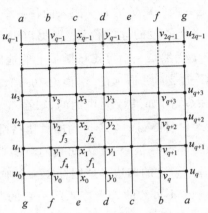

图 10 - 10　v_1 是内点且它由唯一的一个边界邻点

　　引理 10.15[102]　地图 $Q_{p,q}$ 是 l_1 - 嵌入的当且仅当 $p=q=2$ 或 $p=1$. 换句话说, 地图 $Q_{p,q}$ 是一个 l_1 - 图当且仅当它是完全图 K_4 或一个圈 C_q. ■

　　因为 $p=q=2$ 表明 (M,G) 有不是等距离的面, 在我们的假设下不会出现. 同理 $q \geqslant 4$.

　　推论 10.16　任一个 l_1 - 嵌入的一般的莫比乌斯带上的四边形地图有 2 - 度和 4 - 度的边界点. ■

　　现在我们证明每一个 l_1 - 嵌入的一般的莫比乌斯带上的四边形地图 (M,G) 有唯一的一个最短的非零伦圈.

　　在一个莫比乌斯带上的四边形地图 (M,G) 中, 对一个 2 - 度点 v, 用 $G-v$ 表示从 G 中删掉 v 生成的新的地图, 同时删掉与 v 关联的面, 以及删掉只与这一个面相关联的顶点和边. 注意 $G-v$ 可能不再是莫比乌斯带上的地图.

　　我们称 (M,G) 是可约的, 如果存在一个 2 - 度点 v 使得 $G-v$ 仍然是一个莫比乌斯带上的地图. 否则, 称它为不可约的.

　　我们称莫比乌斯带上的地图中的一个非零伦圈 C 是 I - 型的或者 II - 型的, 取决于当我们沿着 C 回到出发点的时候方向是相反的还是保持不变的. 注意对一个不自交的非零伦圈, 如果它是 I - 型的, 当且仅当它沿着莫比乌斯带走一次; 如果它是 II - 型的, 当且仅当它沿着莫比乌斯带走两次.

定理 10.17 对任意一个 l_1 - 嵌入的一般的莫比乌斯带上的四边形地图有 (M,G),在 G 中存在唯一的一个最短的非零伦圈 C.进一步,圈 C 是 I - 型的且是凸的.

证明:假设 (M,G) 是一般的可约的 l_1 - 嵌入的任一个 l_1 - 嵌入的莫比乌斯带上的四边形地图,C 是一个最短的非零伦圈.根据可约的定义,存在 G 的一个 2 - 度边界点 v 使得 $G-v$ 仍然是一个莫比乌斯带上的地图.显然 $G'=G-v$ 是 G 的一个等距离子图.则 G' 也是 l_1 - 嵌入的.由推论 10.13,圈 C 不能经过与 v 关联的两条边.因此 C 仍然在 G' 中.如果 G' 是可约的,则在 G' 删除这样的 2 - 度边界点.一直这样做下去,直到我们得到一个不可约的莫比乌斯带上的地图.我们知道在每一步最短的非零伦圈都没有被破坏.因此我们只需要证明在一个不可约的 l_1 - 嵌入的一般的莫比乌斯带上的四边形地图存在一个唯一的最短的非零伦圈.

现在假设 (M,G) 是一个不可约的 l_1 - 嵌入的一般的莫比乌斯带上的四边形地图,C 是 (M,G) 中的一个最短的非零伦圈.由推论 10.16 我们知道在 (M,G) 上有 2 - 度和 4 - 度的边界点.用 B_2 和 B_4 分别表示 (M,G) 的 2 - 度的边界点和 4 - 度的边界点的集合.由引理 10.2,$b(G)=0$.因此 $|B_2|=|B_4|$.

假设 $v \in B_2$,uv 和 vw 是与 v 关联的两条边.记与 uv 和 vw 关联的面为 $f_1=uvwx$.定义从 B_2 到 B_4 的映射 f 如下:$f:v \mapsto x$.我们将证明 f 是一个双射.

首先我们需要检查 $d(x)=4$ 以及 x 是一个边界点.如果 $d(x)=2$,则这与 $d(v)=2$ 一起说明 G 只是一个面.这与 (M,G) 是一般的莫比乌斯带上的四边形地图相矛盾.因此 $d(x)>2$.因为 G 是不可约的,u 和 w 一定不是 2 - 度的.事实上,不妨设 u 是 2 - 度的,如果我们沿着路 xw 割 G,则 G 分成两个分支,根据引理 10.4,一个只有面 f_1 构成的图,另一个分支是一个更小的莫比乌斯带上的四边形地图 (M',G').由定义,$G-v$ 与 (M',G') 是等同的,这与 (M,G) 是不可约的相矛盾.因此 $d(u)>2$.设 z 是 u 的第三个邻点,且 z,u,x 关联同一个面 $f_2=zuxy$.对顶点 w,利用对称性,假设 x,w,s 和 t 关联同一个面 $f_3=xwst$(见图 10 - 11).我们知道 $t \ne y$.否则,x 是一个 3 - 度的内点,矛盾.因此存在与 x 相邻的四个顶点 u,w,y,t,故 $d(x)=4$.如果 x 是一个内点,则在 G 中围着 x 存在四个面.沿着路 uxw 割 G,由 $\{u,v,w,x\}$ 导出的分支恰好是一个面.再由引理 10.4,另一分支是与 $G-v$ 等同的一个莫比乌斯带上的四边形地图.这与 (M,G) 的不可约性相矛盾.因此 x 属于 B_4.

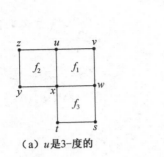
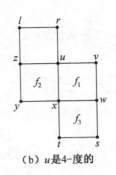

（a）u是3-度的　　　　　（b）u是4-度的

图 10 - 11 x 邻点的示意图

根据上面的讨论,则在 x 处有三个面,v 是 x 外面的三个面当中的最中间的面 f_1 中唯一的与 x 相对的顶点. 因此 f 是一个双射.

现在我们考虑 (M,G) 中的一条最短的非零伦圈 C. 根据引理 10.12,C 在 G 中是凸的. 假设 u,v,w,x 和 f_1 定义如上. 因为 (M,G) 是不可约的,如果我们沿着边 xu 割 G,则 G 变成一个平面的四边形地图 G'. 因为 G' 中的每个圈都是零伦的,C 在 G' 中一定不再是圈,那么 C 必须经过边 xu. 特别地,圈 C 一定经过 u 或 x. 由推论 10.13,C 一定不经过边 uv. 如果 u 是 3 - 度的,C 一定经过边 yx(见图 10 - 11 (a)). 如果 u 是 4 - 度的,C 一定经过路 rux 或者边 yx(见图 10 - 11(b)). 在任何情况下,C 一定经过顶点 x. 这就说明 C 经过 B_4 中的所有的顶点.

假设存在另一个最短的非零伦圈 C'. 我们知道 C 和 C' 都经过每个顶点 $x \in B_4$. 因此如果 u 是 3 - 度的,C 和 C' 一定经过边 yx. 如果 u 是 4 - 度的,C 和 C' 一定经过边 ux. 从推论 10.13 之后的讨论,我们知道 C 和 C' 在每个内点上一定直走,如果在顶点的一侧没有面则进行同样的转弯. 因此,C 和 C' 是同一个圈. 因此 (M,G) 中是有唯一的一个最短的非零伦圈.

圈 C 的凸性可以从引理 10.12 直接得到. 我们接下来用反证法证明圈 C 是 Ⅰ - 型的. 假设圈 C 是 Ⅱ - 型的,那么沿着 C 割下来,我们得到的"中间部分",是一个更小的一般的莫比乌斯带上的四边形地图 (M',G'),且其边界恰好是 C;其他的是一个或更多的可定向的"外面"的分支(见图 10 - 12). 因为 C 是凸的,(M',G') 是 (M,G) 的一个凸的子地图. 因此 (M',G') 是 (M,G) 的一个等距离子地图. 由推论 10.16,(M',G') 有 2 - 度的边界点,则 C 经过 (M,G) 中的一个面的两条相继边. 这与推论 10.13 矛盾. 因此圈 C 是 Ⅰ - 型的.

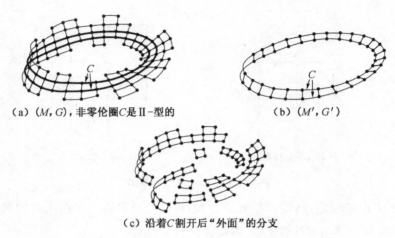

（a）(M,G)，非零伦圈C是Ⅱ-型的 　　　　　（b）(M',G')

（c）沿着C割开后"外面"的分支

图 10 – 12　沿着圈 C 割开的示意图，其中 C 是Ⅱ- 型的

10.5　分支图

在本节我们假设(M,G)是一个l_1 – 嵌入的一般的莫比乌斯带上的四边形地图，C 是(M,G)的一个最短的非零伦圈.

首先，我们证明下面关于圈 C 的性质.

引理 10.18　圈 C 的一部分而不是全部的边是(M,G)的边界边.

证明：根据定理 10.17，C 是Ⅰ- 型的. 设 B 是(M,G)的边界. 首先假设 C 的所有的边都是内边，则 C 的所有的顶点都是内点，因而都是 4 – 度的. 因此根据推论 10.13，C 在每个点都是直走而不转弯. 因为 G 是一般的，每个面圈都是等距离的. 根据引理 10.8，一个面的相对边具有相同的标号，设 $l(ab)=\beta$（见图 10 – 13），那么沿着 C 走一圈，我们得到两个相邻的边 ab 和 ac 拥有相同的标号，与引理 10.9矛盾.

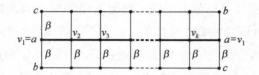

图 10 – 13　圈 C 的每条边都是内边

我们已经证明了 C 的一部分边是边界边.

现在假设 C 的所有的边都是边界边，则 $C=B$. 由推论 10.16，(M,G)有一个

2 - 度的边界点 v. 因此 C 的与 v 关联的两条边包围了 (M,G) 的一个面, 与推论 10.13 矛盾. 这就证明了 C 不可能所有的边都是边界边. ▪

由定理 10.17, C 是 I - 型的. 沿着 C 割开, 则产生了一个可定向的 (可能不连通) 的地图. 如果其中一个分支是圆柱面, 则它是唯一的分支 (C 的每条边都是内边). 由引理 10.18, 我们知道 C 的一部分边不是内边. 因此每个分支都是一个平面地图. 这样我们有下列结果:

推论 10.19　如果沿着 C 割开 (M,G), 则这个地图变成一些平面上的四边形地图的并. ▪

假设 $D_1, D_2, \cdots, D_k (k \geqslant 1)$ 是沿着 C 割开 (M,G) 产生的分支. 由推论 10.19, 每个 $D_i (1 \leqslant i \leqslant k)$ 是一个平面的四边形地图.

图 10 - 14 给出了一个 l_1 - 嵌入的一般的莫比乌斯带上的四边形地图的例子, 其中分支数 $k = 1$. 它可以 2 - 嵌入到 Q_{15}. 我们已经在 GAP 系统中经计算机程序验证过.

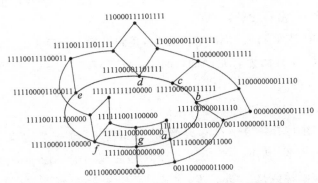

图 10 - 14　例: $k = 1$ 的 l_1 - 嵌入的一般的莫比乌斯带上的四边形地图

现在我们定义 (M,G) 的分支图 Σ 如下: 分支 D_i 作为顶点, 两个顶点相邻, 如果他们共享 C 的一段. 这里自环和重边是允许出现的. 注意到图 10 - 14 中的地图的分支图就是一个自环.

为了研究分支图, 我们现在重点研究分支 D_i 和 C 的性质. C 的一个子路, $B = c_0 c_1 \cdots c_k$, 称为边境, 如果 c_0 和 c_k 是边界点、但是所有的边都是内边 (因此 c_1, $c_2, \cdots, c_{k-1}$ 是内点). 从定义出发我们可得:

命题 10.20

1. 每个边境在每个内点上是直走的.

2. 一个边境在它的两侧有两个相邻的分支 D_i 和 D_j. 有可能 $i = j$, 正如图

10 - 14 中的例子所示.

一个分支 D_i 称为终端的,如果 $D_i \bigcap C$ 是一个连通的路且 $D_i \bigcap C \subseteq D_j \bigcap C$ 对某个 $j \neq i$. 那么在 $\sum$ 中,顶点 D_i 只有一条边且这条边连接 D_i 到 D_j.

假设 $B = b_0 b_1 \cdots b_k$ 是 (M, G) 的一个边境. 沿着 B 割以后,我们知道新的地图 (M', G') 的欧拉示性数是 1. 因此如果 (M', G') 是不连通的,(M', G') 的一个分支 D_1 是一个平面的地图,而另一个分支 D_2 是一个莫比乌斯带上的地图.

命题 10.21 如果沿着一个边境割以后,(M, G) 变得不连通了,分支 D_1 是一个终端的分支.

证明: 假设 D_1 不是终端的,则 D_1 有另一个边境 $B' = b_0 b_1' \cdots b_l'$,它被两个分支 D' 和 D'' 所共享. 不妨设 B 和 B' 都与 D' 相关联. 因为 D_1 是一个圆盘,D' 是一个圆盘. 因为 B 和 B' 是 C 的两段且 C 是凸的,B 和 B' 都是凸的. 由 b_0 到 b_k 沿着 B 走过去,那么进入 D_2 或 D_1. 如果进入 D_2,因为 B 是凸的,C 将整个地落在 D_2 中,这与 $B' \subseteq C$ 矛盾. 如果进入 D_1,那么 C 将到达点 b_l'. 因为 B' 是凸的,C 一定完全落在 D' 中,那么 C 是零伦的,矛盾.

从 (M, G) 中把所有的终端的分支删掉,我们得到一个简单的莫比乌斯带上的四边形地图 (M', G'). 因为 C 是凸的,(M', G') 是 (M, G) 的一个凸的子地图,因此它也是 l_1 - 嵌入的.

定理 10.22 (M', G') 的 $\sum$ 是一个圈.

证明: 由于在 (M', G') 中没有终端分支,沿着任意一个边境 B 割开以后,(M', G') 变成连通的. 利用引理 10.4,(M', G') 变成一个平面上的地图 (M'', G''). (M'', G'') 的欧拉示性数是 1. 进一步,沿着另一个边境 B' 割开 (M'', G''),欧拉示性数变成 2. 因此结果是两个平面的四边形地图的并. 现在我们知道 (M', G') 的 $\sum$ 满足:如果删掉 $\sum$ 的一条边,它仍是连通的;如果删掉 $\sum$ 的两条边,则它不连通. 因此 $\sum$ 是一个圈.

下面我们定义 D_i 的基底,记为 $B(D_i)$,是由与 C 关联的面诱导出的子地图. 那么所有的 D_i 的基底形成 (M, G) 的一个子地图,称之为 (M, G) 的基,记为 $B(G)$. 自然地,我们有下面的定理:

定理 10.23 (M, G) 是 l_1 - 嵌入的当且仅当基 $B(G)$ 是 l_1 - 嵌入的.

证明: 由推论 10.13,$B(D_i)$ 的每个面至多有 C 的一条边. 因此 $B(D_i)$ 是 D_i 的一个等距离子地图.

根据命题 10.20 的 2,如果 $B(G)$ 是不可约的,则 $B(G)$ 的每个边境是一条边.

　　当我们添加一个终端分支到 (M',G') 时,这就对应在 Σ 中添加一个悬挂点. 因此一个一般的 (M,G) 的 Σ 是在一个圈上添加若干悬挂点而生成的单圈图.

　　从定理 10.23,无论 D_i 是什么形状,我们只关心 (M,G) 的基. 因此我们关注 D_i 的边界 $D_i \cap C$.

　　命题 10.24　如果 $D_i \cap C$ 的长度至少是 $\left[\dfrac{|C|}{2}\right]+1$,则 $D_i \cap C$ 在它内部至少转一次弯.

　　证明:假设 $D_i \cap C$ 没有转过一次弯.

　　情形 1　C 的所有的顶点都与 D_i 相邻.

　　由引理 10.18,C 一定至少含有一条内边,设为 ab,则 ab 被两个面 $f_1=abcd$ 和 $f_2=abvu$ 所共享(见图 10–15). 假设 $l(bc)=\eta$. 因为每个面都是四边形且它是等距离的,每条边在一个面里有唯一的一个相对边. 再根据 10.18,它们有相同的标号. 因此,我们将得到边 bc 和 bv 有相同的标号 η,与引理 10.9 矛盾.

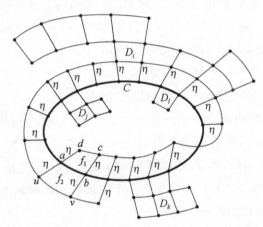

图 10–15　C 的所有的顶点都落在 D_i 中. $l(bc)=\eta=l(bv)$

　　情形 2　C 的顶点不都与 D_i 相关联.

　　由莫比乌斯带的构造,C 至少与 3 个分支相交.

　　给定圈 C 的一个方向,令 a 是 $D_i \cap C$ 的第一个顶点,b 是 $D_i \cap C$ 的最后一个顶点,au 是 D_i 的一条不在 C 中的边,bv 是 D_i 的一条不在 C 中的边(见图 10–16). 记 s_{ab} 和 t_{ba} 是 C 被 a 和 b 分开的两段. 令 $s_{ab}=D_i \cap C$. 由于 $|s_{ab}| \geqslant \left[\dfrac{|C|}{2}\right]+1,|s_{ab}| > |t_{ba}|$. 因为 C 是凸的,t_{ba} 是 (M,G) 的一条最短的 b,a – 路. 由引理 10.7,t_{ba} 的所有的边的标号是两两不交的. 因为 $D_i \cap C$ 不转弯,每个面是等距离的四边形,根

据引理 10.8，$l(vb)=l(au)$．考虑连接 v 和 u 的路 $vbt_{ba}au$，由引理 10.7，$d_G(u,v)$ $\leqslant |t_{ba}|$．

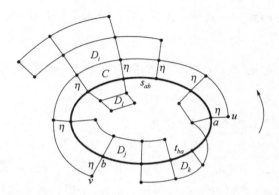

图 10 - 16　C 的所有顶点不都落在 D_i 中．$l(bv)=\eta$

设 $l(bv)=\eta$．由于每个面是等距离的四边形，根据 10.7 和 10.8，$l(bv)$ 与 s_{ab} 中的所有的边标号都是不交的．另外，$l(bv)$ 与 t_{ba} 中的所有的边标号都是不交的．事实上，如果有一条 t_{ba} 的边 e 满足 $l(bv)\bigcap l(e)\neq\varnothing$，那么在 C 中存在 e 的一条相对边 e'（也可能有两条相对边）在 s_{ab} － 路上使得 $l(bv)\bigcap l(e')\neq\varnothing$，矛盾．因此 $l(bv)$ 一定与 C 的所有的边的标号都是不交的．

设 P 是 G 中连接 u 和 v 的一条最短路．假设 $P\bigcap t_{ba}\neq\varnothing$．选择一个离 u 最近的交点 w，则路 P_{wu} 的边比路 $wt_{wa}au$ 的边少，其中 P_{wu} 和 t_{wa} 分别代表 P 和 t_{ba} 的一部分．由于所有的 t_{wa} 的边有不交的标号，$l(au)$ 与某个边的标号 $l(e)$ 是相交的，$e\in t_{wa}$．标号 $l(bv)$ 也一样，矛盾．因此任意一条最短的 u,v － 路与 t_{ba} 是不交的．那么它落在同一个分支 D_i 中，这个分支是一个平面的四边形地图．但是在 D_i 中，我们知道直路总是最短的．因此

$$d_G(u,v)=d_{D_i}(u,v)=d_{D_i}(a,b)=|s_{ab}|>|t_{ba}|$$

矛盾．

注 10.25　条件中的下界 $\left[\dfrac{|C|}{2}\right]+1$ 不能再小了，见图 10 - 17．C 的长度是 8．它是一个部分立方图且 $|D_1\bigcap C|=4=\left[\dfrac{|C|}{2}\right]$，但是 C 在每个 4 - 度的边界点上是不转弯的．

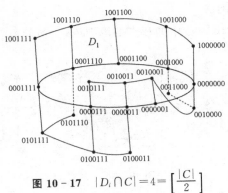

图 10 - 17 $|D_i \bigcap C| = 4 = \left[\dfrac{|C|}{2}\right]$

10.6 一类 l_1 - 嵌入的莫比乌斯带上的四边形地图

在本节,我们根据前面已经证明的结果构造了一类莫比乌斯带上的四边形地图,且证明了它确实是 l_1 - 嵌入的. 实际上,我们构造的图是二部的,因此在证明它是否是 l_1 - 嵌入的时候,只需验证它是否是部分立方图就行了.

称连通图 G 的两条边 $e = uv$ 和 $f = xy$ 具有关系 Θ,如果 $d(u,x) + d(v,y) \neq d(u,v) + d(x,y)$,记成 $e\Theta f$. 已经知道关系 Θ 是自反的和对称的,但不一定是传递的. 用 Θ^* 表示 Θ 的传递闭包,即包含 Θ 的最小的满足传递性的关系. 关于 Θ 更多的内容,请读者参考文献[73].

引理 10.26[73] 设 P 是连通图 G 中的一条最短路,则 P 上的任意两条边都不具有关系 Θ.

引理 10.27[117,73] 二部图 G 是部分立方图当且仅当在 G 中 $\Theta = \Theta^*$.

记图 10 - 21 中的图为 Γ_6^k,其中每个 D_i 同构于图 $P_6 \square K_2$,D_i 和 D_{i+1} 通过 C 上的一条边 $x_i y_i$ 粘到一起,$1 \leqslant i \leqslant k$. 这里 $D_{k+1} = D_1$,k 是分支 D_i 的数目. 显然当 k 是奇数时,Γ_6^k 是一个莫比乌斯带上的四边形堆砌图.

为方便,我们把 D_1 中的顶点标号为 $x_k, y_k, z_1, w_1, x_1, y_1$ 和 $x_k', y_k', z_1', w_1',$ x_1', y_1';D_k 中的顶点标号为 $x_{k-1}, y_{k-1}, z_k, w_k, x_k, y_k$ 和 $x_{k-1}', y_{k-1}', z_k', w_k', x_k'',$ y_k''. 在其他分支 D_i 中,如果 i 是偶数,就把顶点标为 $x_{i-1}, y_{i-1}, z_i, w_i, x_i, y_i$ 和 $x_{i-1}'', y_{i-1}'', z_i'', w_i'', x_i'', y_i''$;如果 i 是奇数,就把顶点标为 $x_{i-1}, y_{i-1}, z_i, w_i, x_i, y_i$ 和 $x_{i-1}', y_{i-1}', z_i', w_i', x_i', y_i'$.

引理 10.28 对任意不小于 3 的奇数 k,Γ_6^k 是部分立方图.

证明:首先,我们证明 Γ_6^k 是二部的.

我们对 k 使用归纳法.

当 $k=3$ 时,从图 $10-18$ 中的顶点的黑白染色,我们易看出它就是二部的.

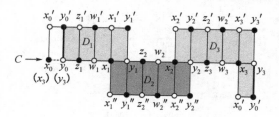

图 $10-18$ Γ_6^3

假设 Γ_6^{k-2} 是二部的,如图 $10-19$,x_{k-2} 是黑点,y_{k-2} 是白点.在图 $10-19$ 后面加上图 $10-20$ 中的图形,令图 $10-19$ 和图 $10-20$ 中的顶点 x_{k-2} 和 y_{k-2} 分别重合,再让 x_k 和 x_0 重合、y_k 和 y_0 重合,则我们可得图 Γ_6^k(见图 $10-21$).因此,Γ_6^k 是个二部图.

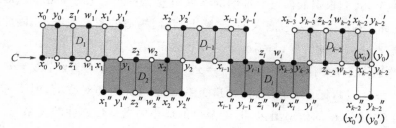

图 $10-19$ Γ_6^{k-2}

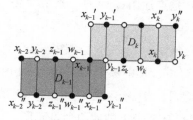

图 $10-20$ 需要添加的最后两片

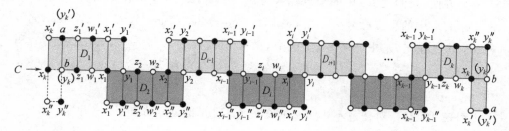

图 $10-21$ Γ_6^k

接下来,我们证明 Θ 是传递的. 由于 C 是 Γ_6^k 中最短的非零伦圈,则路 $P = y_k z_1 w_1 x_1 y_1 z_2 w_2 \cdots z_{\frac{k}{2}-1} w_{\frac{k}{2}-1} x_{\frac{k}{2}-1} y_{\frac{k}{2}-1} z_{\frac{k}{2}+1} w_{\frac{k}{2}+1}$ 和路 $\overline{P} = w_{\frac{k}{2}+1} x_{\frac{k}{2}+1} y_{\frac{k}{2}+1} z_{\frac{k}{2}+1+1} w_{\frac{k}{2}+1-1} \cdots x_{k-1} y_{k-1} z_k w_k x_k y_k$ 是连接($b =$) y_k 和 $w_{\frac{k}{2}}$ 的最短路. 由引理 10.26, P 上任意两条不同的边都不具有 Θ - 关系, $\overline{P}$ 上的边也一样.

我们知道对 P 上的任意一条边 e 来说, $\overline{P}$ 上存在唯一的一条 e 的相对边 e' 满足 $e \Theta e'$(设 $e = z_1 w_1$, 则 $e' = x_{\frac{k}{2}+1} y_{\frac{k}{2}+1}$).

在每个 D_i 中,与 C 垂直相交的六条边中任意两条都有 Θ - 关系. 例如,在 D_1 中, $x_k x_k'$, $y_k y_k'$, $z_1 z_1'$, $w_1 w_1'$, $x_1 x_1'$, $y_1 y_1'$ 的任意两条都有 Θ - 关系.

P 的每条边 e 要么在一个四边形的边界上,要么是被两个四边形所共享. 容易验证与 e 相对的边都和 e 有 Θ - 关系.

用 Θ_e 表示和边 e 有 Θ - 关系的所有的边的集合. 直接计算可得,对任意的边 $e_1 \in \Theta_e$ 和任意的边 $e_2 \in \Theta_{e'}$, $e_1 \Theta e_2$. 例如,设 $e_1 = z_1' w_1'$, $e_2 = x_{\frac{k}{2}+1}'' y_{\frac{k}{2}+1}''$. 因为 $d(z_1', x_{\frac{k}{2}+1}'') = d(w_1', y_{\frac{k}{2}+1}'') = 2k+2$ 且 $d(z_1', y_{\frac{k}{2}+1}'') = d(w_1', x_{\frac{k}{2}+1}'') = 2k+1$. 所以 $z_1' w_1'$ 和 $x_{\frac{k}{2}+1}'' y_{\frac{k}{2}+1}''$ 有 Θ - 关系. 因此 Θ 是传递的.

再由引理 10.27, Γ_6^k 是个部分立方图. ∎

引理 10.29[73] 　如果 G 是个部分立方图且它的边有 k 个 Θ^* 等价类,则 G 可以等距离地嵌入到一个 k - 维超立方图中.

从上面定理 10.28 的证明过程,我们可得到 Γ_6^k 的边具有 $k + 2k = 3k$ 个 Θ^* 等价类. 再由引理 10.29, Γ_6^k 可以等距离地嵌入到超立方图 Q_{3k} 中.

10.7　GAP 软件和图的 l_1 - 识别

本节介绍一款适合图的 l_1 - 判定的软件——GAP(这是三个单词 Groups, Algorithms, Programming 的缩写),这是一个计算离散代数的系统,在计算群论方面尤为突出. GAP 提供了一种编程语言,以及使用 GAP 语言编写的执行代数算法的上千种函数库和代数对象的大数据库.

GAP 用来研究群及其表示、环、向量空间、代数、组合结构等的研究. 该系统,包括源文件,都是免费的. 人们可以根据自己的使用目的随意地修改.

2008 年 7 月,为了表彰 GAP 在软件工程成功应用到计算机代数上,GAP 荣获了 ACM 国际大学生程序设计大赛 Richard Dimick Jenks 纪念奖.

GAP 软件可以从网站 http://www.gap-system.org 上面下载.

例：对图 10－14 用 GAP 进行判别是否是 l_1 - 嵌入的，编程如下．

gap＞Gm：＝NullGraph(Group(( )), 22); rec(adjacencies：＝[[ ], [ ]], group：＝Group(( )), isGraph：＝true, isSimple：＝true, order：＝22, representatives：＝[1, 2, 3, 4, 5, 6, 7, 8, 9, 10, 11, 12, 13, 14, 15, 16, 17, 18, 19, 20, 21, 22], schreierVector：＝[−1, −2, −3, −4, −5, −6, −7, −8, −9, −10, −11, −12, −13, −14, −15, −16, −17, −18, −19, −20, −21, −22])

gap＞AddEdgeOrbit(Gm, [1, 2]); //

gap＞AddEdgeOrbit(Gm, [2, 3]); //

gap＞AddEdgeOrbit(Gm, [3, 4]); //

gap＞AddEdgeOrbit(Gm, [4, 5]); //

gap＞AddEdgeOrbit(Gm, [5, 6]); //

gap＞AddEdgeOrbit(Gm, [6, 7]); //

gap＞AddEdgeOrbit(Gm, [7, 1]); //

gap＞AddEdgeOrbit(Gm, [1, 9]); //

gap＞AddEdgeOrbit(Gm, [1, 10]); //

gap＞AddEdgeOrbit(Gm, [2, 11]); //

gap＞AddEdgeOrbit(Gm, [2, 13]); //

gap＞AddEdgeOrbit(Gm, [3, 12]); //

gap＞AddEdgeOrbit(Gm, [3, 14]); //

gap＞AddEdgeOrbit(Gm, [4, 15]); //

gap＞AddEdgeOrbit(Gm, [4, 17]); //

gap＞AddEdgeOrbit(Gm, [5, 18]); //

gap＞AddEdgeOrbit(Gm, [6, 19]); //

gap＞AddEdgeOrbit(Gm, [6, 21]); //

gap＞AddEdgeOrbit(Gm, [7, 8]); //

gap＞AddEdgeOrbit(Gm, [8, 9]); //

gap＞AddEdgeOrbit(Gm, [8, 21]); //

gap＞AddEdgeOrbit(Gm, [9, 22]); //

gap＞AddEdgeOrbit(Gm, [10, 22]); //

gap＞AddEdgeOrbit(Gm，[10, 11])；//

gap＞AddEdgeOrbit(Gm，[11, 12])；//

gap＞AddEdgeOrbit(Gm，[13, 14])；//

gap＞AddEdgeOrbit(Gm，[14, 15])；//

gap＞AddEdgeOrbit(Gm，[15, 16])；//

gap＞AddEdgeOrbit(Gm，[16, 17])；//

gap＞AddEdgeOrbit(Gm，[17, 18])；//

gap＞AddEdgeOrbit(Gm，[18, 19])；//

gap＞AddEdgeOrbit(Gm，[19, 20])；//

gap＞AddEdgeOrbit(Gm，[20, 21])；//

gap＞Gm：=UnderlyingGraph(Gm)；rec(adjacencies：=[[2, 7, 9, 10], [1, 3, 11, 13], [2, 4, 12, 14], [3, 5, 15, 17], [4, 6, 18], [5, 7, 19, 21], [1, 6, 8], [7, 9, 21], [1, 8, 22], [1, 11, 22], [2, 10, 12], [3, 11], [2, 14], [3, 13, 15], [4, 14, 16], [15, 17], [4, 16, 18], [5, 17, 19], [6, 18, 20], [19, 21], [6, 8, 20], [9, 10]], group：=Group(( ))，isGraph：=true，isSimple：=true，order：=22，representatives：=[1, 2, 3, 4, 5, 6, 7, 8, 9, 10, 11, 12, 13, 14, 15, 16, 17, 18, 19, 20, 21, 22]，schreierVector：= [−1, −2, −3, −4, −5, −6, −7, −8, −9, −10, −11, −12, −13, −14, −15, −16, −17, −18, −19, −20, −21, −22])

gap＞labels：=[

＞[1, 1, 1, 1, 0, 0, 0, 0, 1, 1, 0, 0, 0, 0, 0],

＞[1, 1, 1, 1, 0, 0, 0, 0, 0, 0, 0, 0, 0, 0, 0],

＞[1, 1, 1, 1, 0, 0, 0, 0, 0, 0, 1, 1, 0, 0, 0],

＞[1, 1, 1, 1, 0, 0, 0, 0, 0, 0, 1, 1, 1, 1, 0],

＞[1, 1, 1, 1, 0, 0, 0, 0, 0, 1, 1, 1, 1, 1, 1],

＞[1, 1, 1, 1, 0, 0, 0, 0, 1, 1, 0, 1, 1, 1, 1],

＞[1, 1, 1, 1, 0, 0, 0, 0, 1, 1, 0, 0, 0, 1, 1],

＞[1, 1, 1, 1, 0, 0, 1, 1, 1, 1, 0, 0, 0, 1, 1],

＞[1, 1, 1, 1, 0, 0, 1, 1, 1, 1, 0, 0, 0, 0, 0],

＞[1, 1, 1, 1, 1, 1, 0, 0, 1, 1, 0, 0, 0, 0, 0],

＞[1, 1, 1, 1, 1, 1, 0, 0, 0, 0, 0, 0, 0, 0, 0],

```
>[1, 1, 1, 1, 1, 1, 0, 0, 0, 0, 1, 1, 0, 0, 0],
>[0, 0, 1, 1, 0, 0, 0, 0, 0, 0, 0, 0, 0, 0, 0],
>[0, 0, 1, 1, 0, 0, 0, 0, 0, 0, 1, 1, 0, 0, 0],
>[0, 0, 1, 1, 0, 0, 0, 0, 0, 0, 1, 1, 1, 1, 0],
>[0, 0, 0, 0, 0, 0, 0, 0, 0, 0, 1, 1, 1, 1, 0],
>[1, 1, 0, 0, 0, 0, 0, 0, 0, 0, 1, 1, 1, 1, 0],
>[1, 1, 0, 0, 0, 0, 0, 0, 0, 0, 1, 1, 1, 1, 1, 1],
>[1, 1, 0, 0, 0, 0, 0, 0, 1, 1, 0, 1, 1, 1, 1],
>[1, 1, 0, 0, 0, 0, 1, 1, 1, 1, 0, 1, 1, 1, 1],
>[1, 1, 1, 1, 0, 0, 1, 1, 1, 1, 0, 1, 1, 1, 1],
>[1, 1, 1, 1, 1, 1, 1, 1, 1, 1, 0, 0, 0, 0, 0]
>];

[[1, 1, 1, 1, 0, 0, 0, 0, 1, 1, 0, 0, 0, 0, 0],
[1, 1, 1, 1, 0, 0, 0, 0, 0, 0, 0, 0, 0, 0, 0],
[1, 1, 1, 1, 0, 0, 0, 0, 0, 0, 1, 1, 0, 0, 0],
[1, 1, 1, 1, 0, 0, 0, 0, 0, 0, 1, 1, 1, 1, 0],
[1, 1, 1, 1, 0, 0, 0, 0, 0, 1, 1, 1, 1, 1, 1],
[1, 1, 1, 1, 0, 0, 0, 0, 1, 1, 0, 1, 1, 1, 1],
[1, 1, 1, 1, 0, 0, 0, 0, 1, 1, 0, 0, 0, 1, 1],
[1, 1, 1, 1, 0, 0, 1, 1, 1, 1, 0, 0, 0, 1, 1],
[1, 1, 1, 1, 0, 0, 1, 1, 1, 1, 0, 0, 0, 0, 0],
[1, 1, 1, 1, 1, 1, 0, 0, 1, 1, 0, 0, 0, 0, 0],
[1, 1, 1, 1, 1, 1, 0, 0, 0, 0, 0, 0, 0, 0, 0],
[1, 1, 1, 1, 1, 1, 0, 0, 0, 0, 1, 1, 0, 0, 0],
[0, 0, 1, 1, 0, 0, 0, 0, 0, 0, 0, 0, 0, 0, 0],
[0, 0, 1, 1, 0, 0, 0, 0, 0, 0, 1, 1, 0, 0, 0],
[0, 0, 1, 1, 0, 0, 0, 0, 0, 0, 1, 1, 1, 1, 0],
[0, 0, 0, 0, 0, 0, 0, 0, 0, 0, 1, 1, 1, 1, 0],
[1, 1, 0, 0, 0, 0, 0, 0, 0, 0, 1, 1, 1, 1, 0],
[1, 1, 0, 0, 0, 0, 0, 0, 0, 1, 1, 1, 1, 1, 1],
[1, 1, 0, 0, 0, 0, 0, 0, 1, 1, 0, 1, 1, 1, 1],
```

[1, 1, 0, 0, 0, 0, 1, 1, 1, 1, 0, 1, 1, 1, 1],

[1, 1, 1, 1, 0, 0, 1, 1, 1, 1, 0, 1, 1, 1, 1],

[1, 1, 1, 1, 1, 1, 1, 1, 1, 1, 0, 0, 0, 0, 0]]

gap＞for i in[1…21]do

＞for j in[i+1…22]do

＞d：=Distance(Gm, i, j);

2 * d＜＞Length(Filtered([1…15], k-＞labels[i][k]＜＞labels[j][k]))

then

＞fi；

＞od；

＞od；

参考文献

［1］ M. Aïder, M. Aouchiche. Distance monotonicity and a new characterization of hypercubes［J］. Discrete Math，2002(245)：55 − 62.

［2］ P. Assouad，M. Deza. Espaces metriques plongeables dans un hypercube：Aspects combinatoires［J］. Discrete Math，1980(8)：197 − 210.

［3］ P. Assouad，M. Deza. Metric subspaces of L^1［J］. Publ. Math. Orsay，1982(3)：47.

［4］ S. P. Avann. Metric ternary distributive semi-lattices［J］. Proceedings of the American Mathematical Society，1961(12)：407 − 414.

［5］ D. Avis. Hypermetric spaces and the Hamming cone［J］. Canad. J. Math，1981(33)：795 − 802.

［6］ D. Avis，M. Deza. The cut cone，L_1 embeddability，complexity and multicommodity flows［J］. Networks，1991(21)：595 − 617.

［7］ S. P. Avann. Metric ternary distributive semi-lattices［J］. Proceedings of the American Mathematical Society，1961(12)：407 − 414.

［8］ A. T. Balaban，I. Motoc，D. Bonchev，O. Mekenyan. Topological indices for structure-activity correlations［J］. Topics Curr. Chem. ，1983(114)：21 − 56.

［9］ H. J. Bandelt，V. Chepoi. Cellular bipartite graphs［J］. Europ. J. Combin，1996(17)：121 − 134.

［10］ H. J. Bandelt，V. Chepoi. Decomposition and l_1 − embedding of weakly median graphs ［J］. Europ. J. Combin，2000(21)：701 − 714.

［11］ H. J. Bandelt，V. Chepoi. The algebra of metric betweenness II：Geometry and equational characterization of weakly median graphs［J］. Europ. J. Combin，2008，29(3)：676 − 700.

［12］ H. J. Bandelt，V. Chepoi，D. Eppstein. Combinatorics and geometry of finite and infinite squaregraphs［J］. arXiv：0905. 4537v1［math. CO］27 May 2009.

［13］ H. J. Bandelt，H. M. Mulder，E. Wilkeit. Quasi-median graphs and algebras［J］. J. Graph Theory，1994(18)：681 − 703.

［14］ G. Birkhoff，S. A. Kiss. A ternary operation in distributive lattices［J］. Bulletin of the

American Mathematical Society, 1947(52): 749 – 752.

[15] J. Bretagnolle, D. Dacunha Castelle, J. L. Krivine. Lois stables et espaces L_p, Ann[J]. l'Institut Henri Poincaré, 1966, 2(3): 231 – 259.

[16] S. Benzrukov, A. Sali. On superspherical graphs[DB/OL]. http://mcs. uwsuper. edu/~ sb/Papers/p14. pdf

[17] A. Berrachedi, M. Molland. Median graphs and hypercubes, some new characterization [J]. Discrete Math, 1999(208/209): 71 – 75.

[18] A. Berrachedi, I. Havel, H. M. Mulder. Spherical and clockwise spherical graphs[J]. Czechoslovk Mathematical Journal, 2003, 53(128): 295 – 309.

[19] A. Berrachedi, M. Mollard. On two problems about (0, 2)-graphs and interval-regular graphs[J]. Ars Combin. , 1998(49): 303 – 309.

[20] G. Birkhoffand, S. A. Kiss. A ternary operation in distributive lattices[J]. Bulletin of the American Mathematical Society, 1947, 53(1): 749 – 752.

[21] I. F. Blake, J. H. Gilchrist. Addresses for graphs[J]. IEEE Trans. Inf. Theo. , 1973(19): 683 – 688.

[22] J. A. Bondy, U. S. R. Murty. Graph Theory with Applications[M]. London and Basingtoke: Macmillan Press, 1976.

[23] B. Brešar, S. Klavžar. Maximal proper subgraphs of median graphs[J]. Discrete Math. , 2007, 307(11/12): 1389 – 1394.

[24] B. Brešar, S. Klavžar, R. Škrekovski. On cube-free median graphs [J]. Discrete Mathematics, 2007, 307(3/4/5): 345 – 351.

[25] G. Burosch, I. Havel, J. M. Laborde. Distance monotone graphs and a new characterization of hypercubes[J]. Discrete Math. , 1994(110): 9 – 16.

[26] G. Burosch, J. M. Laborde. Some intersection theorems for structures[J]. Eur. J. combin. , 1988(9): 207 – 214.

[27] M. Chastand, N. Polat. Invariant Hamming graphs in infinite quasi-median graphs[J]. Discrete Math. , 1996(160): 93 – 104.

[28] V. Chepoi. Isometric subgraphs of Hamming graphs and d – convexity[J]. Cybernetics, 1988(1): 6 – 9.

[29] V. Chepoi. On distances in benzenoid systems[J]. J. Chem. Inf. Comput. Sci. , 1996(36): 1169 – 1172.

[30] V. Chepoi, F. Dragan, Y. Vaxès. Distance and routing labeling schemes for non-positively curved plane graphs[J]. Journal of Algorithms, 2006, 61(2): 60 – 88.

[31] V. Chepoi, M. Deza, V. Grishukhin. Clin d'oeil on l_1 – embeddable planar graphs[J].

Discrete Appl. Math. , 1997(80): 3 - 19.

[32] V. Chepoi, T. Févat, E. Godard, Y. Vaxès. A self-stabilizing algorithm for the median problem in partial rectangular grids and their relatives, Proc. 14th Internat. Colloq. on Structural Information and Communication Complexity (SIROCCO 2007)[J]. Lecture Notes in Computer Science, 2007(4474): 81 - 95.

[33] V. Chepoi, S. Klavžar. The Wiener index and the Szeged index of benzenoid systems in linear time[J]. J. Chem. Inf. Comput. Sci. , 1997(37): 752 - 755.

[34] V. Chepoi, V. Pltlatíi, C. Prisăcaru. L_1 - embeddability of rectilinear polygons with holes[J]. Journal of Geometry, 1996(56): 18 - 24.

[35] S. J. Cyvin, J. Brunvoll, B. N. Cyvin. Theory of Coronoid Hydrocarbons[M]. Berlin: Springer-Vrelag, 1991.

[36] F. R. K. Chung, R. L. Graham, Saks M. E. Dynamic search in graphs, in Wilf, H. , Discrete Algorithms and Complexity, Perspectives in Computing[M]. New York: Academic Press, 1987.

[37] A. Deza, M. Deza, V. Grishukhin. Fullerenes and coordination polyhedra versus half-cube embeddings[J]. Discrete Math. , 1998(192): 41 - 80.

[38] A. Deza, M. Dutour, S. Shpectorov. Isometric Embeddings of Archimedean Wythoff polytopes into hypercubes and half-cubes. MNF Lecture Notes Series, Kyushu University, Proc. Conf. on Sphere Packings, 2004: 55 - 70.

[39] A. Deza, M. Dutour, S. Shpectorov. Graphs 4_n that are isometrically embeddable in hypercubes[J]. Bull. SEAMS, 2005(29): 469 - 484.

[40] M. Deza, P. W. Fowler, M. Shtogrin. Version of Zones and Zigzag Structure in Icosahedral Fullerenes and Icosadeltahedra[J]. J. Chem. Inf. Comput. Sci. , 2003(43): 595 - 59.

[41] M. Deza, V. Grishukhin. Hypermetric graphs[J]. Quart. J. Math. Oxford, 1993, 44(2): 399 - 433.

[42] M. Deza, V. P. Grishukhin, M. Laurent. "Extreme hypermetrics and L-polytopes," in Sets, Graphs and Numbers, Budapest, 1991, Colloquia Mathematica Societatis Janos Bolyai, 1992(60): 157 - 209.

[43] M. Deza, V. Grishukhin, M. Shtogrin. Scale-Isometric Polytopal Graphs in Hypercubes and Cubic Lattices[M]. London: Imperial College Press, 2004.

[44] M. Deza, T. Huang. Complementary l_1 - graphs and related combinatorial structures. in: Combinatorics and Computer Science, M. Deza, R. Euler and Y. Manoussakis (eds), Lecture Notes in Computer Science 1120, Berlin, Springer, 1996: 74 - 90.

[45] M. Deza, M. Laurent. l_1 – rigid graphs[J]. J. Algebra Combin., 1994(3): 153 – 175.

[46] M. Deza, M. Laurent. Geometry of Cuts and Metrics[M]. Berlin: Springer-Verlag, 1997.

[47] M. Deza, M. I. Shtogrin. Embeddings of chemical graphs in hypercubes[J]. Mat. Zametki, 2000, 68(3): 339 – 352; English tansl., Math. Notes., 2000(68): 295 – 305.

[48] M. Deza, S. Shpectorov. Recognition of the l_1 – graphs with complexity $O(nm)$ or football in a hypercube[J]. Europ. J. Combin., 1996(17): 279 – 289.

[49] M. Deza, S. Shpectorov. Polyhexes that are l_1 graphs[J]. European J. Combin., 2009(30): 1090 – 1100.

[50] M. Deza, M. D. Sikiric, S. Shpectorov. Graphs 4_n that are isometrically embeddable in hypercubes[J]. Southeast Asian Bull. Math., 2005(29): 469 – 484.

[51] M. Deza, P. Terwilliger. The classification of finite connected hypermetric spaces[J]. Graphs Combin., 1987(3): 527 – 536.

[52] M. Deza, J. Tǔma. A note on l_1 – rigid planar graphs[J]. Europ. J. Combin., 1996(17): 157 – 160.

[53] M. V. Diudea, M. Stefu, B. Pârv, P. E. John. Wiener index of armchair polyhex nanotubes[J]. Croatica Chemica Acta, 2004(77): 111 – 115.

[54] D. Ž. Djokovič. Distance-preserving subgraphs of hypercubes[J]. J. Combin. Theory Ser. B, 1973(14): 263 – 267.

[55] M. S. Dresselhaus, G. Dresselhaus, P. C. Eklund. Science of Fullerenes and Carbon Nanotubes[M]. New York: Academic Press, 1996.

[56] M. S. Dresselhaus, G. Dresselhaus, P. Avonris. Carbon Nanotubes Synthesis, Structure, Properties and Applications[M]. Berlin: Springer-Verlag, 2001.

[57] T. Dvorak, I. Havel, J. M. Laborde, P. Liebl. Generalized hypercubes and graph embedding with dilation[J]. Rostocker Math. Kolloquium, 1988(31): 101 – 107.

[58] D. Eppstein. Cubic partial cubes from simplicial arrangements[J]. Electron. J. Combin., 2006(13): ♯R79.

[59] D. Garijo, I. Gitler, A. Márquez, M. P. Revuelta. Hexagonal tilings and locally C_6 graphs. arXiv: math/0512332v1, 14 Dec 2005.

[60] R. L. Graham, H. O. Pollack. On the addressing problem for loop switching[J]. The Bell System Technical Journal, 1971(50): 2495 – 2519.

[61] R. L. Graham, H. O. Pollack. On embedding graphs in squashed cubes, Graph Theory and Applications, Lecture Notes in Mathematics 303, Springer-Verlag (Proc. of a conference held at Western Michigan University, May 10 – 13, 1972).

[62] R. L. Graham, P. M. Winkler. On isometric embeddings of graphs[J]. Transactions of the American Mathematical Society, 1985(288): 527 – 536.

[63] A. Graovac, T. Pisanski. On the Wiener index of a graph[J]. J. Math. Chem. , 1991(8): 53 – 62.

[64] J. L. Gross, T. W. Tucker. Topological Graph Theory[M]. New York: Wiley, 1987.

[65] B. Brünbaum, G. C. Shepard. Tilings and Patterns[M]. New York: Freeman, 1986.

[66] A. Gupta, I. Newman, Y. Rabinovich, A. Sinclair. Cuts, trees and l_1 – embeddings of graphs[J]. Combinatorica, 2004(24): 233 – 269.

[67] I. Gutman, S. J. Cyvin. Introduction to the Theory of Benzenoid Hydrocarbons[M]. Berlin: Springer-Verlag, 1989.

[68] I. Gutman, S. Klavžar. A method for calculating Wiener numbers of benzenoid hydrocarbons [J]. Models in Chemistry (Acta Chim. Hung.), 1996(133): 389 – 399.

[69] A. Hatcher. Algebraic topology[M]. Cambridge: Cambridge University Press, 2001.

[70] I. Havel, J. M. Laborde. On distance monotone graphs[J]. Colloquia Mathematica Societatis Jánes Bolyai, Combinatorics Eger (Hungary), 1987(52): 557 – 561.

[71] S. Iijima. Helical microtubules of graphitic carbon[J]. Nature, 1991(354): 56 – 58.

[72] W. Imrich, S. Klavžar. A convexity lemma and expansion procedures for bipartite graphs[J]. Europ. J. Combin. , 1998(19): 677 – 685.

[73] W. Imrich, S. Klavžar. Product Graphs: Structure and Recognition[M]. New York: John Wiley & Sons, 2000.

[74] P. E. John, M. V. Diudea. Wiener index of zig-zag polyhex nanotubes[J]. Croatica Chemica Acta, 2004(77): 127 – 132.

[75] A. V. Karzanov. Metrics and undirected graphs[J]. Math. Programming, 1985(32): 183 – 198.

[76] S. Klavžar. On the canonical metric representation, average distance, and partial Hamming graphs[J]. European J. Combin. , 2006(27): 68 – 73.

[77] S. Klavžar, I. Gutman, B. Mohar. Labeling of benzenoid systems which reflects the vertex-distance relations[J]. J. Chem. Inf. Comput. Sci. , 1995(35): 590 – 593.

[78] S. Klavžar, M. Kovše. Partial cubes and their τ – graphs[J]. European J. Combin. , 2007(28): 1037 – 1042.

[79] S. Klavžar, H. M. Mulder. Median graphs: characterizations, location theory and related structures[J]. J. Combin. Math. Combin. Comput. , 1999(30): 103 – 127.

[80] S. Klavžar, H. M. Mulder, R. Škrekovski. An Euler-type formula for median Graphs [J]. Discrete Math. , 1998, 187(1): 255 – 258.

[81] S. Klavžar, S. Shpectorov. Tribes of cubic partial cubes[J]. Discrete Math., Theoret. Comput. Sci., 2007(9): 273 - 292.

[82] J. H. Koolen, V. Moulton, D. Stevanović. The structure of spherical graphs[J]. Europ. J. Combin., 2004(25): 299 - 310.

[83] H. W. Kroto, J. R. Heath, S. C. O'Brien, R. F. Curl, R. E. Samlley. C_{60}: buckminsterfullerene[J]. Nature, 1985(318): 162 - 163.

[84] J. M. Laborde, S. P. Rao Hebbare. Another characterization of hypercubes[J]. Discrete Math., 1982(39): 161 - 166.

[85] J. M. Laborde, R. M. Madani. Generalized hypercubes and (0,2)-graphs[J]. Discrete Math., 1997(165/166): 447 - 459.

[86] M. Lomonosov, A. Sebö. On the geodesic-structure of graphs: a polyhedral approach to metric decomposition[J]. In G. Rinaldi and L. A. Wolsey, editors, Integer Programming and Combinatorial Optimization, 1993: 221 - 234.

[87] M. Marcusanu. Complementary l_1 - Graphs embeddable in the half-cube[J]. European J. Combin., 2002(23): 1061 - 1072.

[88] M. Marcušanu. The classification of l_1 - embeddable fullerenes[D]. Ohio: Bowling Green State University, 2007.

[89] J. W. Mintmire, C. T. White. Electronic and structural properties of carbon nanotubes Ohio[J]. Carbon, 1995(33): 893 - 902.

[90] H. M. Mulder. The interval function of a graph[M]. Amsterdam: Math. Centre Tracts, 132, Mathematisch Centrum, 1980.

[91] H. M. Mulder. Interval-regular graphs[J]. Discrete Math., 1982(41): 253 - 269.

[92] H. M. Mulder. (0,λ)-graphs and n-cubes[J]. Discrete Math., 1979(28): 179 - 188.

[93] H. M. Mulder. n-cubes and median graphs[J]. Journal of Graph Theory, 1980, 4(1): 107 - 110.

[94] H. M. Mulder, A. Schrijver. Median graphs and helly hypergraphs[J]. Discrete Math., 1979, 25(1): 41 - 50.

[95] H. M. Mulder. The structure of median graphs[J]. Discrete Math., 1978(24): 197 - 204.

[96] L. Nebesk'y. Median graphs[J]. Commentationes Mathematicae Universitatis Carolinae, 1971(12): 317 - 325.

[97] K. Nomura. A remark on Mulder's conjecture about interval-regular graphs[J]. Discrete Math., 1995(147): 307 - 311.

[98] S. Ovchinnikov. Graphs and Cubes[M]. New York: Springer, 2011.

[99]　J. R. Pierce. Network for block switching of data[J]. Bell Sys. Tech. Jour. , 1972 (51): 1133 – 1145.

[100]　F. Plastria. On the number of hexagons in cubic maps. Report BEIF/98, Centrum voor Bedrijfsinformatie, Vrije Universiteit Brussel, 1998.

[101]　N. Polat. Netlike partial cubes Ⅳ. Fixed finite subgraph theorems[J]. European J. Combin. , 2009, 30(5): 1194 – 1204.

[102]　Ch. Prisăcaru, P. Soltan, V. Chepoi. On embeddings of planar graphs into hypercubes[J]. Proc. Moldavian Academy of Sci. Math. , 1990(1): 43 – 50 (in Russian).

[103]　D. H. Rouvray. Should we have designs on topological indices? [J]. Stud. Phys. Theor. Chem. (Chem. Appl. Topol. Graph Theory), 1983(28): 159 – 177.

[104]　H. Sachs, P. Hansen, M. Zheng. Kekule count in tubular hydrocarbons[J]. MATCH Commun. Math. Comput. Chem. , 1996(33): 169 – 241.

[105]　S. V. Shpectorov. On scale embeddings of graphs into hypercubes[J]. European J. Combin. , 1993(14): 117 – 130.

[106]　S. V. Shpectorov. Complementary l_1 – Graphs[J]. Discrete Math. , 1998(192): 323 – 331

[107]　P. Soltan, D. Zambitskii, C. Prisăcaru. Extremal problems on graphs and algorithms of their solution[J]. Stiinta, Chisinău, Moldova, 1973, in Russian.

[108]　A. Thess, R. Lee, P. Nikolaev, H. Dai, P. Petit, J. Robert, C. Xu, Y. H. Lee, S. G. Kim, A. G. Rinzler, D. T. Colbert, G. E. Scuseria, D. Tománek, J. E. Fischer, R. E. Smalley. Crystalline ropes of metallic carbon nanotubes[J]. Science, 1996(273): 483 – 487.

[109]　C. Thomassen. Tilings of the torus and the Klein bottle and vertex-transitive graphs on a fixed surface[J]. Trans. Amer. Math. Soc. , 1991(323): 605 – 635.

[110]　M. E. Tylkin. On Hamming geometry of unitary cubes (in Russian)[J]. Dokl. Akad. Nauk SSSR, 1960(134): 1037 – 1040.

[111]　G. Wang, H. Zhang. l_1 – embeddability of hexagonal and quadrilateral Möbius graphs [J]. Ars Combinatoria, 2011(102): 269 – 287.

[112]　G. Wang, H. Zhang. l_1 – embeddability under the edge-gluing operation on graphs[J]. Discrete Math. , 2013(313): 2115 – 2118.

[113]　D. B. West. Introduction to Graph Theory (Second Edition) [M]. New Jersey: Prentice Hall, 2001.

[114]　W. Wenzel. A sufficient condition for a bipartite graph to be a cube[J]. Discrete

Math. , 2002(259): 383 - 386.

[115] H. Wiener. Structural determination of paraffin boiling points[J]. J. Amer. Chem. Soc. , 1947(69): 17 - 20.

[116] P. M. Winkler. Proof of the squashed cube conjecture[J]. Combinatorica, 1983(3): 135 - 139.

[117] P. M. Winkler. Isometric embedding in products of complete graphs [J]. Discrete Appl. Math. , 1984(7): 221 - 225.

[118] B. Yang. A circular argument on crowns. in: Abstracts of 8th Franco-Japanese-Chinese Conference on Combinatorics and Computer Science, Brest, 1995: 23 - 25.

[119] F. Zhang, L. Wang. k - resonance of open-ended carbon nanotubes[J]. J. Math. Chem. , 2004(35): 87 - 103.

[120] H. Zhang, G. Wang. A characterization of the interval distance monotone graphs[J]. Discrete Math. , 2007(307): 2622 - 2627.

[121] H. Zhang, G. Wang. Embeddability of open-ended carbon nanotubes in hypercubes [J]. Comput. Geom. : Theo. and Appl. , 2010(43): 524 - 534.

[122] H. Zhang, S. Xu. None of the coronoid systems can be isometrically embedded into a hypercube[J]. Discrete Appl. Math. , 2008(156): 2817 - 2822.

[123] 王广富. 多重 median 图及其性质[J]. 数学进展，2014，43(3): 360 - 364.

后　记

　　历经两年,在我的硕士和博士论文的基础上,查阅百余篇参考文献,经反复筛选,精心撰写的《图的 l_1 - 嵌入性理论及其应用》终于正式面世了.《图的 l_1 - 嵌入性理论及其应用》总体框架包括图论基本概念, l_1 - 空间, l_1 - 嵌入的条件;超立方图及性质,图的等距离嵌入;图的 l_1 - 嵌入;可平面图的 l_1 - 嵌入;图的团和运算下的 l_1 - 嵌入,苯系统、冠状苯系统和开口纳米管的 l_1 - 嵌入性;莫比乌斯带上的六边形地图和四边形地图的 l_1 - 嵌入性,共十章.这是第一部中文版的比较全面、系统的研究图的 l_1 - 嵌入性理论的专业图书.

　　本书主要用组合的方法来研究图在 l_1 - 空间中的嵌入问题.力求观点正确,论据确凿、推理严谨的原则,对参考资料"宏纤毕收",特别添加了作者近年的研究成果.本书在撰写过程中得到了兰州大学张和平教授和徐守军教授、华东交通大学徐保根教授、南京航空航天大学许克祥教授以及南昌大学王凡博士的诸多的指导、鼓励和帮助.欧洲科学院院士 M. Deza 和伯明翰大学的 Sergey Shepectorov 教授对所需资料和研究的问题等方面提供了大力的支持和帮助.在此向提供帮助和方便的亲朋们一并致谢!

　　《图的 l_1 - 嵌入性理论及其应用》的出版将为应用数学、运筹学与控制论、信息、计算机网络,特别是图的嵌入方向的研究生和图论工作者提供一本非常好的参考书.在广泛收集多方面的意见的基础上,作者几次进行修改核校,终成定稿,付梓成书.本书虽几经修改、多次校勘,但因水平所限,加之时日匆匆,纰漏误谬在所难免,恳请阅读此书的专家和同仁不吝赐正.

王广富

2017.11.10 于华东交通大学